经典二战武器鉴赏指南

军情视点 编

金装典藏版

化学工业出版社
·北京·

本书不仅详细介绍了第二次世界大战时期各类武器的整体发展情况以及战争催生的多种先进军事科技，还全面收录了各参战国在战争中使用或研制的两百余种经典武器装备，包括坦克、装甲车、火炮、陆基军用飞机、海军舰载机、水面作战舰艇、潜艇、单兵武器等，每种武器都有详细的性能介绍，并有准确的参数表格。

本书不仅是广大青少年朋友学习军事知识的不二选择，也是军事爱好者收藏的绝佳对象。

图书在版编目(CIP)数据

经典二战武器鉴赏指南：金装典藏版／军情视点编.
北京：化学工业出版社，2017.5（2025.4重印）
ISBN 978-7-122-29379-4

Ⅰ.①经… Ⅱ.①军… Ⅲ.①第二次世界大战-武器-指南 Ⅳ.①E92-62

中国版本图书馆CIP数据核字(2017)第065541号

责任编辑：徐　娟　　　　　　　　　　装帧设计：中海盛嘉
责任校对：吴　静　　　　　　　　　　封面设计：刘丽华

出版发行：化学工业出版社(北京市东城区青年湖南街13号　邮政编码100011)
印　　装：中煤（北京）印务有限公司
710mm×1000mm　1/16　印张18　字数450千字　2025年4月北京第1版第10次印刷

购书咨询：010-64518888　　　　　　　售后服务：010-64518899
网　　址：http://www.cip.com.cn
凡购买本书，如有缺损质量问题，本社销售中心负责调换。

定　　价：69.80元　　　　　　　　　　　　　　　　版权所有　违者必究

前 言

第二次世界大战是人类历史上规模最大的战争，涉及世界上绝大多数国家。美国、苏联、英国、中国、德国和日本等主要参战国纷纷宣布进入总体战（综合运用国家一切力量进行的战争）状态，几乎将自身国家的经济、工业和科学技术悉数应用于战争之上，同时也将民用与军用的资源合并以方便统筹规划。

战争期间，为了作战的需要，各国投入了大量的人力、物力和财力，并且发展相应的科学技术，研制新式武器。虽然这些武器装备给整个人类造成了极大的伤害，但这些用于制造武器装备的科学技术也在客观上推动了人类历史文明的进步。二战后，航空航天技术和核能技术的发展，深刻地改变了人类历史，其影响广泛地涉及政治、经济、军事、外交、文化和科技各个层面。

本书不仅详细介绍了第二次世界大战时期各类武器的整体发展情况以及战争催生的多种先进军事科技，还全面收录了各参战国在战争中使用或研制的两百余种经典武器装备，包括坦克、装甲车、火炮、陆基军用飞机、海军舰载机、水面作战舰艇、潜艇、单兵武器等，每种武器都有详细的性能介绍，并有准确的参数表格。通过阅读本书，读者会对大战中使用的武器装备有一个全面和系统的认识。

作为传播军事知识的科普读物，最重要的就是内容的准确性。本书的相关数据资料均来源于国外知名军事媒体和军工企业官方网站等权威途径，坚决杜绝抄袭拼凑和粗制滥造。在确保准确性的同时，我们还着力增加趣味性和观赏性，尽量做到将复杂的理论知识用简明的语言加以说明，并添加了大量精美的图片。

参加本书编写的有丁念阳、黎勇、王安红、邹鲜、李庆、王楷、黄萍、蓝兵、吴璐、阳晓瑜、余凑巧、余快、任梅、樊凡、卢强、席国忠、席学琼、程小凤、许洪斌、刘健、王勇、黎绍美、刘冬梅、彭光华、邓清梅、何大军、蒋敏、雷洪利、李明连、汪顺敏、夏方平、杨淼淼、祝如林、杨晓峰、张明芳、易小妹等。在编写过程中，国内多位军事专家对全书内容进行了严格的筛选和审校，使本书更具专业性和权威性，在此一并表示感谢。

由于时间仓促，加之军事资料来源的局限性，书中难免存在疏漏之处，敬请广大读者批评指正。

编者

2016年12月

目 录

第1章 二战武器杂谈　　1
二战武器发展概述　　2
二战重大科技发展　　5

第2章 美国二战武器　　11
M3"斯图亚特"轻型坦克　　12
M22"蝗虫"轻型坦克　　13
M24"霞飞"轻型坦克　　14
M3"格兰特/李"中型坦克　　16
M4"谢尔曼"中型坦克　　17
M26"潘兴"重型坦克　　19
M3装甲侦察车　　21
M3半履带装甲车　　22
T17"猎鹿犬"装甲车　　23
M8"灰狗"轻型装甲车　　24
M10坦克歼击车　　25
M18坦克歼击车　　26
M36坦克歼击车　　27
M7自行火炮　　28
M1榴弹炮　　29
M2榴弹炮　　30
M1高射炮　　31
M2迫击炮　　32
M3反坦克炮　　33
P-38"闪电"战斗机　　34
P-39"空中眼镜蛇"战斗机　　36
P-51"野马"战斗机　　37
P-61"黑寡妇"战斗机　　39
F4F"野猫"战斗机　　40
F6F"地狱猫"战斗机　　42
F4U"海盗"战斗机　　43
A-20"浩劫"攻击机　　44
B-17"空中堡垒"轰炸机　　45
B-24"解放者"轰炸机　　46
B-25"米切尔"轰炸机　　48
B-26"劫掠者"轰炸机　　49
B-29"超级堡垒"轰炸机　　50
TBD"毁灭者"轰炸机　　51
TBF"复仇者"轰炸机　　52
SBD"无畏"俯冲轰炸机　　53
SB2C"地狱俯冲者"轰炸机　　54
"列克星敦"级航空母舰　　55
"游骑兵"号航空母舰　　56
"约克城"级航空母舰　　57
"胡蜂"号航空母舰　　58
"埃塞克斯"级航空母舰　　59
"艾奥瓦"级战列舰　　60
"克利夫兰"级巡洋舰　　61
"巴尔的摩"级巡洋舰　　62
"本森"级驱逐舰　　63
"弗莱彻"级驱逐舰　　64
"艾伦·萨姆纳"级驱逐舰　　65
"基林"级驱逐舰　　66
"小鲨鱼"级潜艇　　67
M1903手动步枪　　68
M1加兰德半自动步枪　　69
M1941约翰逊半自动步枪　　71
M1卡宾枪　　72
M1919中型机枪　　73
M2重机枪　　74
汤普森冲锋枪　　75
M3冲锋枪　　76

目录

M1911 半自动手枪 77	B-4 榴弹炮 112
"巴祖卡"火箭筒 78	ML-20 榴弹炮 113
Mk2 手榴弹 79	M-30 榴弹炮 114
第3章 苏联二战武器 81	D-1 榴弹炮 115
T-26 轻型坦克 82	M1938 迫击炮 116
BT-7 轻型坦克 83	ZiS-3 反坦克炮 117
T-50 轻型坦克 84	BS-3 反坦克炮 118
T-60 轻型坦克 85	LaGG-3 战斗机 119
T-24 中型坦克 86	拉-5 战斗机 120
T-28 中型坦克 87	拉-7 战斗机 121
T-34 中型坦克 88	雅克-1 战斗机 122
T-44 中型坦克 90	雅克-3 战斗机 123
T-35 重型坦克 91	雅克-7 战斗机 125
KV-1 重型坦克 92	雅克-9 战斗机 126
KV-2 重型坦克 93	米格-3 战斗机 127
KV-85 重型坦克 94	佩-3 战斗机 128
IS-2 重型坦克 96	伊-16 战斗机 129
IS-3 重型坦克 98	伊尔-2 攻击机 130
BA-64 轻型装甲车 100	伊尔-10 攻击机 131
BA-3 重型装甲车 101	佩-2 轰炸机 132
SU-85 坦克歼击车 102	图-2 轰炸机 133
SU-100 坦克歼击车 103	伊尔-4 轰炸机 134
SU-76 自行火炮 104	"甘古特"级战列舰 135
ISU-122 自行火炮 105	"基洛夫"级巡洋舰 136
SU-122 自行榴弹炮 106	"马克西姆·高尔基"级巡洋舰 137
SU-152 自行榴弹炮 107	"愤怒"级驱逐舰 138
ISU-152 重型突击炮 108	"斯大林"级潜艇 139
ZiS-30 自行反坦克炮 109	莫辛-纳甘步枪 140
ZSU-37 自行防空炮 110	DP 轻机枪 142
BM-13 自行火箭炮 111	RPD 轻机枪 143
	SG-43 中型机枪 144

目录

DShK 重机枪	145	刘易斯轻机枪	187
PPSh-41 冲锋枪	146	布伦轻机枪	188
TT 半自动手枪	148	维克斯中型机枪	189

第4章 英国二战武器　151

第5章 德国二战武器　191

维克斯六吨坦克	152	三号中型坦克	192
"谢尔曼萤火虫"中型坦克	153	四号中型坦克	193
"土龟"重型坦克	154	"豹"式中型坦克	194
"马蒂尔达"步兵坦克	155	"虎"式重型坦克	196
"瓦伦丁"步兵坦克	157	"虎王"重型坦克	198
"丘吉尔"步兵坦克	158	SdKfz250 半履带装甲车	199
"十字军"巡航坦克	160	SdKfz251 半履带装甲车	200
"克伦威尔"巡航坦克	161	"猎豹"坦克歼击车	201
"彗星"巡航坦克	162	"猎虎"坦克歼击车	202
通用运载车	163	"蟋蟀"自行火炮	204
"射手"坦克歼击车	165	"黄蜂"自行火炮	205
"阿基里斯"坦克歼击车	166	"野蜂"自行火炮	206
QF 6 磅反坦克炮	167	"卡尔"臼炮	207
QF 17 磅反坦克炮	168	"古斯塔夫"列车炮	208
QF 25 磅榴弹炮	169	sFH 18 榴弹炮	209
"飓风"战斗机	171	leFH 18 榴弹炮	210
"喷火"战斗机	172	Flak 36 高射炮	212
"暴风"战斗机	174	Flak 40 高射炮	213
"流星"战斗机	175	GrW 34 迫击炮	214
"蚊"式轰炸机	176	Pak 38 反坦克炮	215
"哈利法克斯"轰炸机	178	Pak 40 反坦克炮	216
"兰开斯特"轰炸机	179	Bf 109 战斗机	217
"皇家方舟"号航空母舰	181	Bf 110 战斗机	219
"部族"级驱逐舰	182	Fw 190 战斗机	220
"战斗"级驱逐舰	183	Me 262 战斗机	222
李-恩菲尔德手动步枪	184	He 111 轰炸机	223
斯登冲锋枪	186	He 177 轰炸机	224

目录

容克-87俯冲轰炸机	225	38式手动步枪	259
"俾斯麦"级战列舰	226	11式轻机枪	260
"希佩尔海军上将"级巡洋舰	227	96式轻机枪	261
U型潜艇	228		

第7章 其他国家二战武器　263

Kar98k手动步枪	229	FT-17轻型坦克	264
Gew41半自动步枪	231	FCM 36轻型坦克	265
Gew43半自动步枪	232	Char B1重型坦克	266
StG44突击步枪	233	ARL 44重型坦克	267
MG34通用机枪	234	S-35骑兵坦克	268
MG42通用机枪	235	MAS-36手动步枪	270
MP40冲锋枪	236	M11/39中型坦克	271
鲁格P08半自动手枪	237	M13/40中型坦克	272
瓦尔特PP/PPK半自动手枪	238	M14/41中型坦克	273
瓦尔特P38半自动手枪	239	M15/42中型坦克	274
39型卵形手榴弹	240	P-40重型坦克	275
39型柄式手榴弹	241	M1934半自动手枪	276
"坦克杀手"反坦克火箭发射器	242	M1931冲锋枪	277
"装甲拳"反坦克榴弹发射器	243	ZB-26轻机枪	278
		ZK-383冲锋枪	279

第6章 日本二战武器　245

参考文献　280

94式轻型坦克	246
97式中型坦克	247
91式榴弹炮	248
97式迫击炮	249
"隼"式战斗机	250
"零"式战斗机	251
"飞燕"战斗机	253
"疾风"战斗机	254
"大和"级战列舰	255
"赤城"号航空母舰	256
"阳炎"级驱逐舰	257
"翔鹤"级航空母舰	258

第 1 章

二战武器杂谈

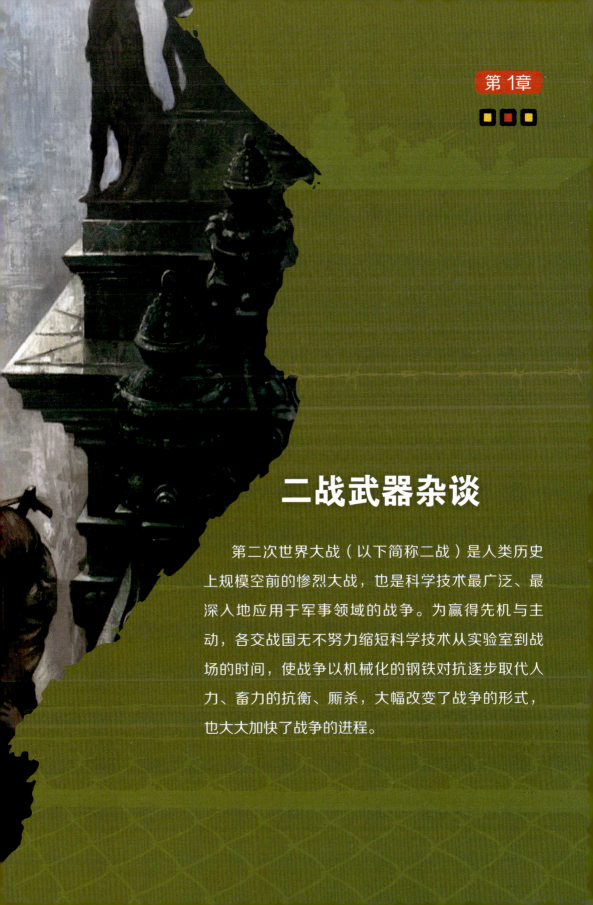

第二次世界大战（以下简称二战）是人类历史上规模空前的惨烈大战，也是科学技术最广泛、最深入地应用于军事领域的战争。为赢得先机与主动，各交战国无不努力缩短科学技术从实验室到战场的时间，使战争以机械化的钢铁对抗逐步取代人力、畜力的抗衡、厮杀，大幅改变了战争的形式，也大大加快了战争的进程。

★★★ 二战武器发展概述

战争初期，以德国为首的法西斯集团较早地看到了先进武器装备对于战争胜负的决定性影响，他们把当时最先进的军事科技用于武器装备的生产，从而使武器装备现代化程度大大领先于同盟国。事实上，虽然德国的军事发展在第一次世界大战（以下简称一战）失败后受到《凡尔赛和约》的限制，但暗地里仍在研制各种武器装备。德国不仅在国内秘密研制新型火炮和坦克，还将秘密研制海空武器装备的地点设在国外，如在荷兰制造潜艇，在瑞典制造飞机。到二战爆发前，德军已经装备了多种类型的新式武器装备。

凭借较强的战斗力，德军在战争初期猖狂一时，尤其是以"闪电战"横扫欧洲各国。在德国空军的协同配合下，德国陆军利用坦克的高速突击能力，通过不间断的突击作战，在敌方尚未实施充分的战争动员时，就以闪电般的速度对敌方实施突击，并一举将其击溃。

幸运的是，轴心国的军工企业在战争中后期遭到了同盟国军队的沉重打击，其武器装备的生产能力大为下降。与此同时，同盟国的军事科技迅猛发展，特别是苏军有了大量的机械化装甲部队后，开创了以坦克为主要突击力量的宽正面、高速度、大纵深的战役进攻样式，在战略反攻和进攻时势如破竹。在1943年的库尔斯克会战中，交战双方一次在战场上投入的坦克和自行火炮等就达7000多辆。会战中，苏联红军击毁德军坦克1500余辆，使德军装甲集团受到开战以来最沉重的打击。

▼ 美国陆军装备的M8轻型装甲车和M24"霞飞"轻型坦克

▲ 苏联在二战时期研制的T-34中型坦克

在以坦克为代表的陆战武器飞速发展的同时，航空技术在二战期间也得到了迅速发展，特别是空气力学和航空技术的新发现，使许多新式作战飞机出现在战场上，如以活塞式发动机为动力装置的轰炸机、战斗机和攻击机得到很大发展和广泛应用，并出现了电子对抗飞机和安装机载雷达、可在夜间作战的战斗机，从而使作战飞机的战术技术性能比一战时期整整更新了一代。1938年，德国飞机的年产量达到5200架，成为当时世界上生产飞机最多的国家。二战后期，德国还成功研制出人类航空史上第一种投入实战的喷气式战斗机。

随着战争的发展，同盟国空军飞机的数量和质量都逐渐超过了轴心国空军。在彻底摧毁德国的柏林会战中，苏联空军动用了7500架飞机对柏林进行了猛烈轰炸，加速了法西斯德国的灭亡。在亚洲战场，美国B-29轰炸机在对日作战中战果累累，从某种程度上加速了太平洋战争的进程。

海战武器方面，航母堪称经典。航母技术产生于一战末期，但却是

▲ 德国空军装备的Bf 109战斗机

在二战时期发挥了前所未有的作用，并取代了有攻无防的战列舰成为海军的主力战舰。1922年，日本建成世界上第一艘航母"凤翔"号。至二战前夕，日本的航母数量就达到10艘，而当时美、英两国各为7艘。由于美、英两国奉行"巨舰大炮主义"的传统思想，仅将航母当作海军的一种辅助兵力使用。因此，日本航母的作战性能和质量远超美、英两国，可用于侦察、防空、轰炸、鱼雷攻击、校正舰炮射击等。1941年12月7日，日本海军以6艘航母为主力成功偷袭珍珠港，重创美国太平洋舰队。遭此重创后，美国改变了以航母为辅助兵力的陈旧思维，加快发展各种类型的航母，大批新型航母相继建成并装备部队。在太平洋战场后来发生的各种规模海战中，航母和海军航空兵使海军的机动性、持久力和攻击力得到了极大提高，为同盟国海军从日本舰队手中夺取了太平洋的控制权，进攻日本本土打下了坚实的基础。

二战时期，还有些军事技术是为适应战争需求而产生的，如雷达和导弹技术。20世纪30年代末，德国开始火箭、导弹技术的研究，并建立了较大规模的生产基地，1939年发射了A-1、A-2、A-3导弹，并很快将研制这种小型导弹的技术应用到V-1导弹和V-2导弹上。这两种导弹是现代巡航导弹和弹道导弹的鼻祖。在1944年6月至9月，德军使用导弹袭击了英国伦敦。二战后期，德国还研制了"莱茵女儿"等几种地对空导弹，以及X-7反坦克导弹和X-4有线制导空对空导弹，所幸均未投入作战使用。

▲中途岛战役时美国海军"企业"号航母上的舰载机

除导弹外，核武器也是军事科技在二战后期产生的最新成果并被迅速应用到战争中的一个突出例子。在1939年以前，德国的核技术是领先于美、英两国的，然而由于希特勒热衷于欧洲战场上的大规模"闪电战"，德国的核武器研究日渐落后。1939年8月，著名科学家爱因斯坦写信给美国总统罗斯福，建议研制原子弹。他的建议马上引起美国政府的高度重视，美国政府开始立项拨款，并于1942年8月正式将这一计划命名为"曼哈顿工程"。为完成这一工程，美国动用了60万名工程技术人员，投资达200亿美元，历时三年多，终于在德国败亡之后、日本垂死挣扎之际的1945年7月16日成功地爆炸第一颗原子弹。不久之后，美国向日本本土投放了两颗原子弹，其杀伤力令整个世界震惊。

原子弹的投放，促使日本裕仁天皇于8月15日宣布日本无条件投降。1945年9月2日，道格拉斯·麦克阿瑟将军代表盟军接受了日本的投降。至此，二战彻底结束，世界反法西斯战争取得最终的胜利。

▲在美国"密苏里"号战列舰上签署投降文件的日本代表团

★★★ 二战重大科技发展

二战客观上推动了科学技术的迅速发展。大战期间，为了战争的需要，各国投入了大量的人力、物力和财力，并且发展相应的科学技术，制造新式武器。二战后，这些用于制造作战武器的科学技术被应用到民用领域，使人类的生活得到了改善。

航空技术

二战中，航空技术得到迅速发展，尤其是对能够拥有更多的载弹量、能够更远地深入敌方纵深、拥有更强生存能力的强烈需求，推动了战略轰炸机技术以及与之相配套的远程战斗机技术、投弹技术的不断进步。在欧洲战场，盟军的远程轰炸机极大地打击了法西斯德国的军事工业、社会经济，削弱了其战争能力。

为了掩护轰炸机，减少轰炸机损失，与德国截击机对抗，盟国大力发展远程战斗机技术，1943年12月，首次参加护航的P-51"野马"战斗机终于结束了盟军护航机对德军截击机的劣势。为挽回行将失败的命运，德国在战争结束前夕，将世界上独有的喷气式飞机投入战场，但数量太少，并没有对战局产生影响。同时，对轰炸精度的需要，促使诺登轰炸瞄准具的发明，使轰炸由以前的饱和轰炸开始向较为精确的轰炸转变。在轰炸机技术基础上衍生出的空运等技术，不仅是二战盟军后勤保障的重要一环，而且在诺曼底登陆中展现出其在大规模空降作战中的重要作用。

二战后，许多国家都组建了独立的空军。航空技术的日渐成熟，使战场开始具有真正意义上的立体化特征。战后航空力量被广泛运用于战略与战术的各个层面。

▼ 二战期间德国设计制造的Bf 109螺旋桨战斗机（上）与Me 262喷气式战斗机（下）

德国设计制造的Fw 190战斗机 ▲

雷达技术

雷达是利用电磁波对障碍物的反射特性发现目标的一种电子装备,通常由收发天线、发射机、接收机和显示器组成。雷达能在黑暗和烟雾中发现远距离的目标,为己方提供情报并在能见度很差的情况下控制火力射击。二战期间,在对海警戒、对空警戒,以及炮瞄、引导拦截敌机等军事需求的催动下,雷达技术得到飞速发展。二战后,随着电子信息技术的飞速发展,各种新体制、新类型的雷达不断涌现,进一步提高指挥效能和军队的联合作战能力。

据统计,在二战初期,高射炮击落一架飞机要消耗5000发炮弹。到二战末期,尽管飞机性能已大为提高,但用雷达控制的高射炮进行

▲ 不列颠战役中的英军空中观察员

射击,击落一架飞机平均只需50发炮弹。不列颠战役中,德军曾出动2600多架轰炸机和歼击机,大规模空袭英国本土。由于英国建立了一个包括侦察警戒雷达、地面引导雷达、飞机截击雷达、高炮控制雷达和探照灯雷达等20多个地面雷达站组成的雷达网,德军的空袭计划未能奏效。经过两周空战,在数量上占优势的德军就损失了600多架飞机。

航母技术

航母并非二战时期的产物,但却在二战中大放异彩。以航母为核心的海、空一体航母舰队战术,不仅成为海上力量决战的主要样式,而且以航母为核心的舰载机对岸空中支援作战,也成为陆上作战的有力保障,航母逐步取代战列舰成为新的"海上霸主"。

二战期间,美国大西洋舰队司令英格索尔海军上将,建立了以航母为核心的猎潜群为大西洋运输船队进行护航。在不到3个月的时间内,航母猎潜群共击沉15艘德国潜艇,而己方只损失了3架舰载机。至此,盟军以航母为核心构建起移动式水下、水面、空中立体护航与猎潜网,终于找到了对付德军"狼群"战术的法宝,最终赢得了大西洋海战的胜利。

二战结束时,美英两国共拥有百余艘各型航母。这些在二战中建造的航母,充分吸收了当时最先进的技术,引入和装备了大量的雷达、通信、水声设备,增

强了探测能力，自身还加装有大量的对空防御武器，并普遍安装有弹射、阻拦设备，提高了舰载机起降率和安全性。二战后，航母技术进一步发展，美国和法国建造的航母还采用了核动力推进。

▲ 二战中的美国"卡萨布兰卡"级护航航母

潜艇技术

二战期间，潜艇技战术性能有了很大改进。战争中，潜艇战斗活动几乎遍及各大洋，担负攻击运输舰船、水面战斗舰艇和侦察、运输、反潜、布雷和运送侦察、爆破人员登陆等任务，对战争产生了一定影响。据不完全统计，二战中各国潜艇共击沉大、中型水面舰艇300余艘，运输船、商船约5000艘，总排水量超过2300万吨，占各国运输船总损失吨位的62%。在大西洋海战中，美英两国为了对付德国潜艇，出动猎潜舰艇2000多艘和飞机数千架，投入反潜战的人员达数百万人。

二战后，一些国家为增加潜艇的续航能力，把常规动力改为核动力并装备了弹道导弹、巡航导弹。于是，潜艇的地位进一步提升，成为重要的战略打击力量。未来，随着各项新技术在潜艇上的应用，昔日"水下杀手"将更难以对付。

▲ 保存至今的二战德国U-995号潜艇

声呐技术

声呐技术的起源较早，但"声呐"一词却是在二战中出现。顾名思义，声呐是一种利用声波探测水中物体，进行水声通信、导航和水中武器制导的电子设备。在二战欧洲战场，为争夺对大西洋的控制权，同盟国和轴心国都大力发展水下攻击和反潜能力。声呐技术作为导航和探测水下舰艇活动的技术被广泛应用于各国舰艇装备中，随后又相继出现了航空声呐和海岸声呐。据不完全统计，二战欧洲战场被击沉的潜艇中有60%是通过声呐技术发现的。

二战之后，随着潜艇技术性能的迅速发展，下潜深、航速快、攻击力强、噪音小的核动力潜艇出现，对声呐技术提出严峻挑战。自20世纪60年代以来，由于电子、计算机、新材料和探测等高新技术在声呐装备中的应用，较之二战时声呐技术已经显露出探测距离远、定位精度高、搜索速度快、监视目标多、敌我性质识别准、自动化处理能力强的特点。当今，声呐技术进一步呈现出低频化、精确化、主动化、多样化、智能化发展趋势。

弹药技术

弹药技术是指直接用于弹药设计、生产的军用技术。弹药是武器系统中的核心部分，包括枪弹、炮弹、手榴弹、枪榴弹、航空炸弹、火箭弹、鱼雷、水雷、深水炸弹、地雷、爆破器、导弹等。二战前后，大批新型弹药出现在战场上。

水雷方面，德国研制了磁性水雷和声响水雷等；地雷方面，增添了反坦克履带地雷等；航空炸弹方面，增添了高爆弹、燃烧弹和集束炸弹等；鱼雷方面，增添了轻型反潜鱼雷与自导鱼雷、被动式自导鱼雷与电动鱼雷等；反坦克武器方面，延期引信的设计和聚能装药爆炸原理的应用，催生了反装甲弹和混凝土侵彻弹。

▲ V-2导弹的复制品

导弹更是二战催生的革命性发明。早在20世纪30年代末，德国就开始火箭、导弹技术的研究，并建立了规模较大的生产基地，二战爆发后相继研制了V1巡航导弹和V2弹道导弹。战争后期，德国还研制了几种地对空导弹，以及X-7反坦克导弹和X-4有线制导空对空导弹。德国战败后，其导弹技术和导弹研究人员大部分被苏联和美国等国所拥有，并开始加紧对导弹的理论研究和实际制造，从而揭开了世界导弹的发展序幕。60年代，导弹被许多国家作为尖端武器收入武器库，并开始规模性地投入作战使用。70年代以后，导弹成为各国军队的常规装备、进行远程作战的主战武器之一。

此外，近炸引信的研制成功被专家认为在很大程度上改变了20世纪战争的进程。近炸引信是最能体现弹药先进性的一种引信，是一种最有可能实现弹药解除保险和发火控制智能化的引信。战争期间，美国设计制造了第一个装有小型雷达装置的雷达近炸引信，被用来对付入侵英国领空的德国飞机，产生了不菲的战果。

如今，弹药正朝着智能、远程、多功能以及"子母式"方向发展，各类新概念武器也逐渐出现，如电磁脉冲弹、强冲击波弹、粒子束武器、激光武器、微波束武器、次声波武器、智能武器、气象武器、网络战武器和基因武器等。

火箭炮技术

炮兵以其强大的火力在战争史上赢得了"战争之神"的美誉。二战中,作为炮兵家族新成员的火箭炮,以其更强大的火力和出色的表现,成为炮兵行列的突出代表。战争期间,苏军在火箭炮的应用方面尤为突出。从苏军组建第一个火箭炮兵连起,到二战结束,火箭炮在战场上发挥了巨大威力。1943年1月10日,苏军的一个火箭炮兵师对斯大林格勒郊区被围的德军集团实施攻击,一次齐射便歼灭了德军坦克35辆、炮兵连近80个、汽车250多辆。

▲ 博物馆中的二战苏联"喀秋莎"火箭炮

二战以后的半个多世纪里,苏联/俄罗斯研制了多种新式火箭炮。与此同时,其他国家也非常重视火箭炮的研制工作,着重研制射程远、威力大的中型和重型火箭炮,并发展可携带高爆炸弹、化学弹、破片式灵巧子弹、灵巧式燃烧子弹及可布设地雷的战斗部。此外,还广泛采用自动化装填系统、先进的火控系统,实现自动测量、自动定位、自动瞄准,做到快速发射修正、快速撤离。

核武器技术

核武器的出现,是20世纪40年代前后科学技术重大发展的结果。1939年初,德国化学家哈恩和物理化学家斯特拉斯曼发表了铀原子核裂变现象的论文。几个星期内,许多国家的科学家验证了这一发现,并进一步提出有可能创造这种裂变反应自行进行的条件,从而开辟了利用这一新能源为人类创造财富的广阔前景。但是,同历史上许多科学技术新发现一样,核能的开发也被首先用于军事目的,即制造威力巨大的原子弹。

1945年8月6日和9日,美国分别向日本的广岛、长崎投掷了最新研制成功的原子弹"小男孩"和"胖子",使两座城市顷刻间化为焦土,其杀伤力令整个世界为之震惊。而原子弹的投放,也促使天皇裕仁于8月15日宣布日本无条件投降。

核武器的出现,对现代战争的战略战术产生了重大影响。核武器具备特有的强冲击波、光辐射、早期核辐射、放射性沾染和核电磁脉冲等杀伤破坏作用。核武器爆炸,不仅释放的能量巨大,而且核反应过程非常迅速。除了直接作为武器使用,世界各国军队中的一些军用舰艇(主要是潜艇和航空母舰)还采用核能作为动力。而在民用领域,核能也被用来发电。

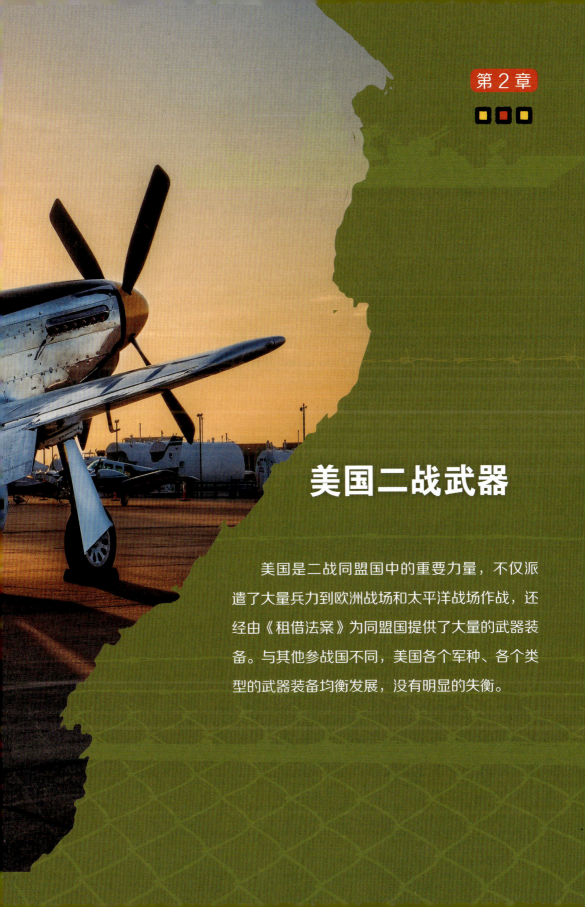

第2章

美国二战武器

美国是二战同盟国中的重要力量，不仅派遣了大量兵力到欧洲战场和太平洋战场作战，还经由《租借法案》为同盟国提供了大量的武器装备。与其他参战国不同，美国各个军种、各个类型的武器装备均衡发展，没有明显的失衡。

M3"斯图亚特"轻型坦克

M3"斯图亚特"轻型坦克是美国在二战中制造数量最多的轻型坦克,也是二战中使用最广泛的轻型坦克之一,除装备美国陆军外,还提供给英国等同盟国军队使用。

该坦克车体前部和两侧装甲板为倾斜布置,车内由前至后分别为驾驶舱、战斗舱和动力舱。车内有4名乘员,其中驾驶员和前置机枪手位于驾驶舱内,驾驶员在左、机枪手居右。车体中部的战斗舱装有炮塔,车长和炮长在炮塔内,车长在右、炮长在左。动力舱位于车体的后部,发动机为风冷式汽油发动机。

M3轻型坦克的车体较窄,因此主要武器的口径受到限制。另外,车体也相对较高,流线性差,整车目标大,给了敌人很大的受弹面积。M3轻型坦克装备1门37毫米M5坦克炮,以及3挺7.62毫米M1919A4机枪(1挺与主炮并列,1挺在炮塔顶端,1挺在副驾驶座前方)。该坦克配有陀螺稳定器,可使37毫米M5坦克炮在行进中精准射击。

英文名称	M3 Stuart Light Tank
研制国家	美国
制造厂商	美国车辆和铸造公司
重要型号	M3、M3A1/A3、M5、M5A1
生产数量	22744辆
生产时间	1941~1944年
主要用户	美国陆军、英国陆军、巴西陆军

World War II Weapons

基本参数	
长度	4.84米
宽度	2.23米
高度	2.56米
重量	15.2吨
最大速度	58千米/小时
最大行程	160千米

M22 "蝗虫" 轻型坦克

M22 "蝗虫" 轻型坦克是美国在二战时期研制的空降轻型坦克，为了保证整车重量不超过7.5吨，其装甲厚度被大幅削减，导致防护力不强。该坦克采用铸造均质钢装甲制成的炮塔，四周的装甲厚度为25毫米。车体为轧制钢装甲焊接结构，正面装甲最厚处为25毫米，其余部位为10～13毫米。

M22轻型坦克的机动性较强，变速箱为手动机械式，有4个前进挡和1个倒挡。悬挂装置为平衡式，每侧有4个负重轮和2个拖带轮，主动轮在前，诱导轮在后。该坦克的动力装置为1台六缸汽油发动机，功率为123千瓦。M22轻型坦克的主要武器是1门37毫米坦克炮，主要弹种为钨合金穿甲弹，备弹50发。辅助武器为1挺7.62毫米同轴机枪，备弹2500发。此外，车内还有3支11.43毫米冲锋枪，用于乘员自卫。

英文名称	M22 Locust Light Tank
研制国家	美国
制造厂商	玛蒙·哈宁顿公司
重要型号	M22
生产数量	830辆
生产时间	1942～1945年
主要用户	美国陆军、英国陆军、比利时陆军、埃及陆军

World War II Weapons

基本参数	
长度	3.94米
宽度	2.16米
高度	1.85米
重量	7.4吨
最大速度	64千米/小时
最大行程	217千米

M24"霞飞"轻型坦克

　　M24"霞飞"轻型坦克以"美国装甲兵之父"阿德纳·霞飞将军的名字命名，主要用于取代M3"斯图亚特"轻型坦克。该坦克有5名乘员，车长在炮塔左侧，炮长在炮塔左侧车长之前，装填手在炮塔右侧，驾驶员在车体左前方，副驾驶在车体右前方。M24轻型坦克的装甲较为薄弱，车身装甲厚度为13～25毫米，炮塔装甲厚度为13～38毫米。

　　M24轻型坦克的主炮为1门75毫米M6坦克炮，发射M61风帽穿甲弹在900米距离的穿甲厚度只有60毫米，在450米距离的穿甲厚度也只有70毫米。M6坦克炮的射速高达20发/分，但是不能持续太长时间。M24轻型坦克的辅助武器为2挺7.62毫米机枪和1挺12.7毫米机枪。动力装置方面，M24轻型坦克装有两台凯迪拉克44T24汽油发动机，单台功率为164千瓦。

英文名称	M24 Chaffee Light Tank
研制国家	美国
制造厂商	通用汽车公司
重要型号	M24、M24E1
生产数量	4731辆
生产时间	1944～1945年
主要用户	美国陆军、英国陆军

World War II Weapons

基本参数	
长度	5.56米
宽度	3米
高度	2.77米
重量	18.4吨
最大速度	56千米/小时
最大行程	160千米

▲ M24轻型坦克右侧视角

▼ M24轻型坦克侧前方视角

M3 "格兰特/李"中型坦克

　　M3 "格兰特/李"中型坦克是二战时期美国以M2中型坦克为基础改进而来的中型坦克，"格兰特/李"的名称为英军所取。

　　M3中型坦克的外形和结构有很多与众不同的地方，其车体较高，炮塔呈不对称布置，有2门主炮，车体的侧面开有舱门，采用平衡式悬挂装置，主动轮前置。该坦克使用赖特R975 EC2星型发动机，功率为250千瓦。由于车身较为高大，因此车内空间比较充足。随之而来的问题是车体各侧面的投影面积较大，容易被发现和被击中。另外，安装在车身的75毫米主炮射击范围有限，可全方位射击的37毫米主炮又威力不足。

　　M3坦克的主要武器为1门75毫米M2坦克炮，安装在宽大车身的右方（后期换装炮管较长的M3坦克炮），由1名炮手及1名装填手操作。驾驶席的左边安装2挺固定机枪。驾驶席后装有一座双人炮塔，车长及1名炮手负责使用炮塔内的1门37毫米M5坦克炮（或M6坦克炮），以及1挺同轴机枪。由于车内武器众多，所以乘员足足有7人。

英文名称:	
M3 Grant/Lee Medium Tank	
研制国家:	美国
制造厂商:	岩岛兵工厂
重要型号:	M3、M3A1/A2/A3/A4/A5
生产数量:	6258辆
生产时间:	1941～1942年
主要用户:	美国陆军、英国陆军、巴西陆军、澳大利亚陆军、加拿大陆军

World War II Weapons

基本参数	
长度	5.64米
宽度	2.72米
高度	3.12米
重量	27吨
最大速度	42千米/小时
最大行程	193千米

M4"谢尔曼"中型坦克

M4"谢尔曼"中型坦克是二战时期美国研制的中型坦克,其产量非常庞大。

M4中型坦克早期装备1门75毫米M3坦克炮,能够在1000米距离上击穿62毫米钢板,后期型号在1000米距离上的穿甲能力增强到89毫米。该坦克的炮塔转动装置是二战时期最快的,转动一周的时间不到10秒。M4中型坦克还是二战时极少数装备了垂直稳定器的坦克,能够在行进中瞄准目标开炮。

M4中型坦克的正面和侧面装甲厚50毫米,正面有47度斜角,防护效果相当于70毫米,侧面则没有斜角。炮塔正面装甲厚88毫米。德军四号坦克在1000米以外、"虎"式和"豹"式坦克在2000米以外,就能击穿M4中型坦克的正面装甲。此外,M4中型坦克车身瘦高,很容易成为德军坦克的攻击目标。不过,M4中型坦克的机动能力不错,而且动力系统坚固耐用,只要定期进行最基本的野战维护即可,无须返厂大修。

英文名称:	
M4 Sherman Medium Tank	
研制国家:	美国
制造厂商:	底特律坦克兵工厂
重要型号:	M4、M4A1/A2/A3/A4/A6
生产数量:	49234辆
生产时间:	1941~1945年
主要用户:	美国陆军、英国陆军、巴西陆军、乌拉圭陆军

World War II Weapons

基本参数	
长度	5.84米
宽度	2.62米
高度	2.74米
重量	30.3吨
最大速度	48千米/小时
最大行程	193千米

▲ 保存至今的M4中型坦克

▼ M4中型坦克侧前方视角

M26 "潘兴"重型坦克

M26 "潘兴"重型坦克是二战末期装备美国陆军的重型坦克，专为对付德国"虎"式坦克而设计。

该坦克为传统的炮塔式坦克，车内由前至后分为驾驶室、战斗室和发动机室。车体为焊接结构，其侧面、顶部和底部都是轧制钢板制成，而前面、后面及炮塔则是铸造而成的。车体前上装甲板厚120毫米，前下装甲板厚76毫米。侧装甲板前部厚76毫米，后部厚51毫米。炮塔前装甲板厚102毫米，侧面和后部装甲板厚76毫米，防盾厚114毫米。车内设有专用加温器，供乘员取暖。

M26重型坦克装备的90毫米M3坦克炮穿透力极强，能在1000米的距离上穿透147毫米厚的装甲，虽然比起德国"虎王"坦克和苏联IS系列坦克等重型坦克仍有一定差距，但已足够击穿当时大多数坦克的装甲。M3坦克炮可使用多种弹药，弹药基数为70发。该坦克的辅助武器是1挺12.7毫米高射机枪（备弹550发）和2挺7.62毫米机枪（各备弹2500发）。

英文名称：M26 Pershing Heavy Tank
研制国家：美国
制造厂商：底特律坦克兵工厂
重要型号：M26、M26A1/E1/E2
生产数量：2212辆
生产时间：1944～1945年
主要用户：美国陆军、英国陆军、法国陆军

World War II Weapons

基本参数	
长度	8.65米
宽度	3.51米
高度	2.78米
重量	41.9吨
最大速度	40千米/小时
最大行程	161千米

▲ 博物馆中的M26重型坦克

▼ M26重型坦克右侧视角

M3 装甲侦察车

M3装甲侦察车是美国在二战时期研制的轮式装甲侦察车,主要用于巡逻、侦察、指挥、救护和火炮牵引等用途。

该车通常可搭载8人,即1名驾驶员和7名乘员。由于M3装甲侦察车采用开放式车壳,令其防护能力低,四轮设计对山地及非平地的适应能力不足,美国陆军在1943年开始以M8轻型装甲车和M20通用装甲车将之取代,只有少量的M3装甲侦察车服役于诺曼底及太平洋战场的美国海军陆战队二线部队。

M3装甲侦察车通常装有1挺12.7毫米M2重机枪,以及2挺7.62毫米M1919机枪。改进型M3A1E3加装了1门37毫米M3火炮,但没有量产。二战后,大部分M3装甲侦察车被卖至亚洲和拉丁美洲国家,以色列在独立战争中也有采用,少数甚至加装了顶部装甲和旋转式炮塔。

英文名称:	M3 Armored Scout Car
研制国家:	美国
制造厂商:	怀特汽车公司
重要型号:	M3、M3A1/A1E1/A1E2/A1E3
生产数量:	21000辆
生产时间:	1938~1944年
主要用户:	美国陆军、美国海军陆战队、英国陆军

World War II
Weapons

基本参数	
长度	5.6米
宽度	2米
高度	2米
重量	4吨
最大速度	89千米/小时
最大行程	403千米

M3 半履带装甲车

M3半履带装甲车是美国在二战及冷战时期使用的半履带装甲人员输送车。该车以M3装甲侦察车和M2半履带装甲车为基础改进而来,有着比M2半履带装甲车更长的车体,在车尾有一个进出口,并设有可承载13人步兵班的座位。座位底下设有置物架,用来放弹药及补给。座位后方还有额外的架子,用以放置步枪及其他物品。车体外履带上方也设有个小架子,用以存放地雷。

M3半履带装甲车的车轮用于转向,而履带用于驱动,可以胜任多种任务,既可装载士兵,还可以拖曳火炮,或作为火力平台。早期型的M3半履带装甲车在前座后方装有1挺12.7毫米M2重机枪,之后M3进一步升级为M3A1,为机枪设置了有装甲保护的射击平台,并在乘员座位旁架设了2挺7.62毫米机枪。

英文名称:	M3 Half-track Car
研制国家:	美国
制造厂商:	怀特汽车公司
重要型号:	M3、M3A1/A2
生产数量:	43000辆
生产时间:	1942～1945年
主要用户:	美国陆军、英国陆军、土耳其陆军、加拿大陆军

World War II
Weapons

基本参数	
长度	6.17米
宽度	2.22米
高度	2.26米
重量	9.1吨
最大速度	72千米/小时
最大行程	320千米

T17"猎鹿犬"装甲车

T17"猎鹿犬"装甲车是美国在二战时期研制的轮式装甲车,虽然没有被美军运用于前线战场,但其改进型T17E1被英联邦国家广泛采用。

T17装甲车没有底盘,动力装置为两台六汽缸的GMC 270发动机,单台功率为72千瓦。该车有可协调两个驱动轴的自动变速器,两个发动机可以独立关闭。T17装甲车的指挥型拆掉了炮塔,改为加装无线通信装置。

T17和T17E1在转动炮塔上装有1门37毫米主炮,电动炮塔转向系统使主炮更稳定,辅助武器为1挺7.62毫米同轴机枪和1挺7.62毫米车头机枪。防空型T17E2 在T17E1的基础上加装了1座双联装12.7毫米M2重机枪炮塔。T17E3则装有1门75毫米M2/M3榴弹炮。总的来说,T17装甲车具有较强的火力,机动性能也较为出色,最大行程超过了700千米。

英文名称:	
T17 Deerhound Armored Car	
研制国家:	美国
制造厂商:	福特汽车公司
重要型号:	T17、T17E1/E2/E3
生产数量:	4000辆
生产时间:	1942~1944年
主要用户:	美国陆军、英国陆军、澳大利亚陆军、加拿大陆军、新西兰陆军

World War II Weapons

基本参数	
长度	5.49米
宽度	2.69米
高度	2.36米
重量	14吨
最大速度	89千米/小时
最大行程	724千米

经典二战武器鉴赏指南

M8"灰狗"轻型装甲车

M8"灰狗"轻型装甲车是美国福特汽车公司在二战时期生产的6×6轮式装甲车,主要装备欧洲和远东地区战场的美军及英军。

M8轻型装甲车有4名乘员,包括车长、炮手兼装填手、无线电通信员(有时兼作驾驶员)及驾驶员,驾驶员和无线电通信员的座位在车体前端,可打开装甲板直接观察路面环境,车长位于炮塔右方,炮手则位于炮塔正中间。M8轻型装甲车速度高但装甲薄弱,37毫米火炮对德军坦克及新型装甲车的正面装甲已缺乏有效攻击力,因此比较适合侦察用途。

M8轻型装甲车的主要武器为1门37毫米M6火炮(配M70D望远式瞄准镜),辅助武器为1挺7.62毫米M1919同轴机枪和1挺安装在开放式炮塔上的12.7毫米M2防空机枪。M8轻型装甲车为六轮驱动,机动性能比较出色,最大越野速度48千米/小时,最大公路速度为89千米/小时,涉水深度为0.6米,越墙高度为0.3米。

英文名称:	M8 Greyhound
研制国家:	美国
制造厂商:	福特汽车公司
重要型号:	M8、M8E1
生产数量:	8500辆
生产时间:	1943~1945年
主要用户:	美国陆军、英国陆军、法国陆军、土耳其陆军

World War Ⅱ Weapons

基本参数	
长度	5米
宽度	2.53米
高度	2.26米
重量	7.8吨
最大速度	89千米/小时
最大行程	560千米

M10 坦克歼击车

M10坦克歼击车是以M4"谢尔曼"中型坦克的底盘为基础设计的坦克歼击车,一度成为美军装甲部队的常规配置。

M10坦克歼击车的炮塔顶部是敞开的,顶部呈五角形开口,它能给驾驶员提供良好的视野,这是美式坦克歼击车的一个鲜明特点。驾驶员座位在车体左边,无线电操作员(副驾驶)在右边。炮塔中的布置仿照反坦克炮的战位安排,炮手在火炮左侧,车长和装填手在右侧,与坦克炮塔相反。

M10坦克歼击车采用76.2毫米M7火炮,弹药基数54发,主要用于攻击敌方坦克和坚固工事。该车没有配备同轴机枪和航向机枪,反步兵的能力明显不足。M10坦克歼击车的炮塔后部安装了1挺12.7毫米M2机枪,备弹300发。防空作战时在炮塔内无法操作机枪向前射击,战斗中车长只能跳出炮塔,站在发动机盖上操作机枪向前射击。此外,车内还为乘员配备了M1卡宾枪、手榴弹和烟雾弹等武器。

英文名称:	M10 Tank Destroyer
研制国家:	美国
制造厂商:	通用汽车公司
重要型号:	M10、M10A1
生产数量:	6406辆
生产时间:	1942~1943年
主要用户:	美国陆军、法国陆军、加拿大陆军、埃及陆军、英国陆军

World War Ⅱ
Weapons

基本参数	
长度	5.97
宽度	3.05米
高度	2.89
重量	29.57吨
最大速度	51千米/小时
最大行程	300千米

M18 坦克歼击车

M18坦克歼击车是二战时期美军所有履带装甲战斗车辆中速度最快的一种，故有"地狱猫"的称号。

为了追求优越的速度，M18坦克歼击车只安装了一层薄弱的装甲，而主炮威力也稍嫌不足。薄弱的装甲使车身及乘员们很容易受到伤害，主炮在远距离无法打穿德国"虎"式及"豹"式坦克的装甲，这是M18坦克歼击车的最大缺点。

为了解决主炮威力不足的问题，美军为M18坦克歼击车配备了高速穿甲弹，使主炮拥有更大的贯穿力。不过，这种炮弹却无法大量补给。针对M18坦克歼击车速度快而装甲薄弱的特点，美军装甲兵摸索出快速机动从侧翼攻击装甲较厚的德军战车的战术，在战场上获得了成功。

英文名称：	M18 Tank Destroyer
研制国家：	美国
制造厂商：	通用汽车公司
重要型号：	M18、T86、T87、T88
生产数量：	2507辆
生产时间：	1943～1944年
主要用户：	美国陆军

World War II Weapons

基本参数	
长度	6.65米
宽度	2.87米
高度	2.57米
重量	17.7吨
最大速度	89千米/小时
最大行程	160千米

M36 坦克歼击车

M36坦克歼击车是以M4"谢尔曼"中型坦克的底盘为基础设计的坦克歼击车，1944年下半年开始装备欧洲战场上的美国、英国和加拿大军队。

该车的发动机位于车体后部，其动力通过一根很长的传动轴传至车体前部的变速箱，然后传至差速器和主动轮。车体部分的装甲厚度与M4中型坦克相同，炮塔正面和防盾的装甲厚度为76毫米，侧面及后部的装甲厚度为38毫米。M36坦克歼击车有5名乘员，即车长、炮长、装填手、驾驶员、机电员。

M36坦克歼击车发射普通穿甲弹时，可在600米射击距离上击穿德国"豹"式坦克的主装甲，在2000米射击距离上击穿"豹"式坦克的侧面和后部装甲。在914米射击距离上发射超速穿甲弹时，可击穿30度倾角的199毫米厚的装甲，因此，M36坦克歼击车也足够对付"虎"式重型坦克。

英文名称	M36 Tank Destroyer
研制国家	美国
制造厂商	通用汽车公司
重要型号	M36、M36B1、M36B2
生产数量	2324辆
生产时间	1944～1945年
主要用户	美国陆军、英国陆军、加拿大陆军、韩国陆军、意大利陆军

World War II
Weapons

基本参数	
长度	5.97米
宽度	3.05米
高度	3.28米
重量	28.6吨
最大速度	42千米/小时
最大行程	240千米

M7 自行火炮

　　1941年6月，美国开始将105毫米榴弹炮装到M3中型坦克上，以期制成一种自行火炮。在阿伯丁试验场的试验表明，这种自行火炮的性能很好，主要缺点是缺乏高射武器。于是在车顶部安装了一个环形枪架，用以安装12.7毫米高射机枪。由于这个机枪架的形状很像教坛，很快它就有了"牧师"的别名。M7自行火炮在作战中取得很大成功，美军每个装甲师下辖3个营的M7自行火炮，为部队提供有效的火力支援。

　　M7自行火炮最初采用M3中型坦克的底盘，后来改用M4中型坦克的底盘，称为M7B1自行火炮。其战斗全重近23吨，乘员7人，主要武器是1门105毫米M2榴弹炮，最大射程约11千米。辅助武器是1挺12.7毫米机枪。车辆最大速度为39千米/小时，越野速度为24千米/小时。M7自行火炮的顶部为敞开式结构，顶部的防护性差。

英文名称：	M7 Self-propelled Artillery
研制国家：	美国
制造厂商：	美国机车公司
重要型号：	M7、M7B1、M7B2
生产数量：	4443辆
生产时间：	1942～1945年
主要用户：	美国陆军

World War Ⅱ
Weapons

基本参数	
长度	6.02米
宽度	2.87米
高度	2.54米
重量	22.97吨
最大速度	39千米/小时
最大行程	193千米

M1 榴弹炮

M1榴弹炮是一种75毫米驮载榴弹炮，二战后重新命名为M116榴弹炮。

M1榴弹炮是一种组合式火炮，运动时可以迅速拆成几个部分，便于炮兵携行。该炮发射时虽然有炮锄支撑，但发射时的后坐力依旧会使炮跳离地面，所以美军士兵会在大架后端放置沙包，以减少火炮往上跳的距离和跳动的次数。M1榴弹炮不仅适合常规的地面火力支援，也适合空降特种作战。另外，它还很适合搭载在美军各种装甲车上。

M1榴弹炮采用M48型榴弹（重约7千克），可搭配瞬发、延时（0.5秒）空炸引信，全装药射程可达8778米，实际操作射击时3人就可以完成。M1榴弹炮紧凑小巧、机动灵活，很适合山地作战。美军士兵对其灵活性最为称道，无论是山地还是丛林，只要是需要火力支援的战场环境，M1榴弹炮都可以发挥作用。

英文名称：	M1 Howitzer
研制国家：	美国
制造厂商：	岩岛兵工厂
重要型号：	M1、M1A1
生产数量：	8400门
生产时间：	1927～1944年
主要用户：	美国陆军、美国海军陆战队

World War Ⅱ
Weapons

基本参数	
长度	3.68米
宽度	1.22米
高度	0.94米
重量	0.653吨
最大射速	6发/分
有效射程	8778米

M2 榴弹炮

M2榴弹炮是一种105毫米拖曳榴弹炮，其设计简洁、生产成本低、火力适中，自1941年起大规模生产并支援同盟国作战，主要在各战场作为师级支援火力。二战后，该榴弹炮与105毫米炮弹成为许多国家炮兵的标准装备。1962年，M2榴弹炮被美军重新命名为M101榴弹炮。

M2榴弹炮装有两个车轮，依靠卡车牵引。该炮可发射M1高爆弹、M67反装甲高爆弹、M84彩烟弹、M84烟雾弹、M60烟雾弹、M60生化弹、M1训练弹和M14训练弹等炮弹，最大射程可达11270米。虽然M2榴弹炮的性能与各国同量级火炮相比没有特别突出，但是伴随美国强大的工业实力，它的特点便是结构简单以及零附件容易取得，与美国援助的运输卡车配套让同盟国都享受到机械化炮兵的机动优势。

英文名称：	M2 Howitzer
研制国家：	美国
制造厂商：	岩岛兵工厂
重要型号：	M2、M2A1
生产数量：	10202门
生产时间：	1941～1953年
主要用户：	美国陆军

World War II
Weapons

基本参数	
长度	5.94米
宽度	2.21米
高度	1.73米
重量	2.26吨
最大射速	16发/分
最大射程	11270米

M1 高射炮

M1高射炮是美国在二战期间研制的90毫米牵引式高射炮，是美军在战争期间主要的地面防空武器。

二战爆发前，美国陆军已经装备了M3型76毫米高射炮。随着飞机技术的提升，美国军方对更大口径的防空炮产生了兴趣。1938年，美国军方下达了研发命令，1940年由沃特夫利特兵工厂研制的T2型90毫米高射炮获得批准制造，正式定型后成为M1型90毫米高射炮。M1高射炮从1940年开始生产，除作为防空武器使用外，也被用于反坦克。二战后，M1高射炮在美国陆军持续服役至20世纪60年代，之后逐渐被导弹系统所取代。

M1高射炮用于防空时，通常以4门火炮为一组，以M7或M9指挥追踪仪操控。M1高射炮的炮管长度为5.1米，俯仰角度范围为-10度至+90度，回旋角度为360度，最大射速为10发/分，炮口初速为820米/秒。

英文名称	M1 Anti-aircraft Gun
研制国家	美国
制造厂商	沃特夫利特兵工厂
重要型号	M1、M1A1
生产数量	14万门（含衍生型）
生产时间	1940～1945年
主要用户	美国陆军

World War II
Weapons

基本参数	
长度	9米
宽度	4.1米
高度	3.1米
重量	8.6吨
最大射速	10发/分
有效射程	9144米

M2 迫击炮

　　M2迫击炮是一种60毫米前装式迫击炮，二战期间被美国陆军广泛使用。美国陆军每个步兵团下辖27门M2迫击炮，使用单位除了团直属迫击炮连外，各步兵排也有直属迫击炮班，配发3门M2迫击炮。二战后，美国陆军开始换装M19迫击炮，不过M19迫击炮的弹着精度被认为不如M2迫击炮，因此M2迫击炮一直留用到20世纪80年代。

　　M2迫击炮由炮身、炮架、座板、瞄具组成，炮架为两脚架，座板为方形，采用滑膛、炮口装填、撞击发射的设计。该迫击炮主要使用下列几种弹药：M49A2高爆弹，用于对付步兵以及轻型目标；M302白磷弹，可作为信号弹、烟雾弹、人员杀伤用；M83照明弹，用于夜间照明。

英文名称：	M2 Mortar
研制国家：	美国
制造厂商：	岩岛兵工厂
重要型号：	M2
生产数量：	60000门
生产时间：	1940～1945年
主要用户：	美国陆军

World War Ⅱ Weapons

基本参数	
口径	60毫米
炮管长	0.73米
重量	19.05千克
炮口初速	158米/秒
最大射速	18发/分
最大射程	1815米

M3 反坦克炮

M3反坦克炮是美国在二战期间研制的37毫米牵引式反坦克炮，分为标准版的M3型和加上炮口制退器的M3A1型。该反坦克炮的设计灵感来源于德国的37毫米Pak 35/36反坦克炮，后者在西班牙内战中已经证明了自己的威力。

M3反坦克炮配备了2.1米长的炮管，其俯仰角度范围为-10度至+15度，回旋角度为左右各30度。该炮的最大射速可达25发/分，炮口初速为884米/秒。在二战初期，M3反坦克炮对轻型坦克具有较好的穿甲效果，但随着战争的深入，其穿甲能力逐渐显得不足。在太平洋战场，M3反坦克炮表现卓越，尤其是在对抗日军的轻型坦克和碉堡时。M3反坦克炮的反碉堡能力尤为显著，仅需数枚高爆弹便能摧毁精心构筑的半永久性防御工事。此外，M3反坦克炮的轻便性也使其在复杂地形中具有良好的机动性。

英文名称：	M3 Anti-tank Gun
研制国家：	美国
制造厂商：	沃特夫利特兵工厂
重要型号：	M3、M3A1
生产数量：	18700门
生产时间：	1940～1943年
主要用户：	美国陆军

World War Ⅱ
Weapons

基本参数	
长度	3.92米
宽度	1.61米
高度	0.96米
重量	0.414吨
最大射速	25发/分
有效射程	6900米

P-38"闪电"战斗机

P-38"闪电"战斗机是一种双引擎战斗机,由美国著名飞机设计师、洛克希德公司的灵魂人物凯利·约翰逊主持设计。

该机装有两台艾利森V-1710发动机,主要武器为1门20毫米机炮(备弹150发)和4挺12.7毫米机枪(各备弹500发),另外还可搭载4具M10型112毫米火箭发射器或10枚127毫米高速空用火箭,也可换成2枚908千克炸弹或4枚227千克炸弹。

P-38战斗机的速度快、装甲厚、火力强大,太平洋战场上的许多美军王牌飞行员均驾驶过这种战斗机。该机的衍生型号众多,用途十分广泛,可执行远程拦截、制空、护航、侦察、对地攻击、俯冲轰炸、水平轰炸等多种任务。该机被广泛应用于太平洋战场,最著名的战绩就是在布干维尔岛上空击落日本联合舰队司令山本五十六的座机,并使之毙命。

英文名称:	
P-38 Lightning Fighter Aircraft	
研制国家:	美国
制造厂商:	洛克希德公司
重要型号:	P-38E/F/G/H/J/L
生产数量:	10037架
生产时间:	1941~1945年
主要用户:	美国陆军航空队

World War II Weapons

基本参数	
长度	11.53米
高度	3.91米
翼展	15.85米
重量	5800千克
最大速度	667千米/小时
最大航程	2100千米

▲ 仰视P-38战斗机

▼ P-38战斗机在高空飞行

P-39"空中眼镜蛇"战斗机

　　P-39"空中眼镜蛇"战斗机是一种单引擎战斗机。与同一时期的战斗机相比，该机最特别的设计就是发动机的位置：将发动机放在座舱后面，通过一根延长轴驱动机头的螺旋桨，座舱布置相应靠前，从而改变了飞机的构造。细长的机头可使飞行员视野更好，并可以容纳重型军械和前三点起落架的可收放式前轮。这种起落架的地面操纵性好，并能提高着陆速度，这样机翼就可以设计得较小，从而也提高了空速。不过，这种设计也会导致翼载荷大，有损爬升和高空机动性。

　　P-39战斗机在机鼻安装了1门37毫米机炮，辅助武器为1挺7.62毫米和1挺12.7毫米机枪。该机在二战初期短暂地作为美国陆军航空队的主力，曾进驻瓜达尔卡纳尔岛的亨德森机场与日军作战，但是很快就退居二线。此后，美国将大量出厂的P-39战斗机提供给苏联和英国。

英文名称：	
P-39 Airacobra Fighter Aircraft	
研制国家：	美国
制造厂商：	贝尔飞机公司
重要型号：	P-39C/D/F/G/H/J/K/L/M
生产数量：	9588架
生产时间：	1940~1944年
主要用户：	美国陆军航空队、苏联空军、英国空军

World War Ⅱ
Weapons

基本参数	
长度	9.2米
高度	3.8米
翼展	10.4米
重量	2955千克
最大速度	626千米/小时
最大航程	840千米

P-51 "野马" 战斗机

P-51 "野马" 战斗机是一种单引擎轻型战斗机，机身设计简洁精悍，采用先进的层流翼型，大大降低了气动阻力，并且在尺寸和重量与同类飞机相当的情况下，大幅增加了载油量。在加挂外部油箱的情况下，P-51战斗机的航程超过了2700千米，足以掩护B-17轰炸机进行最远距离的攻击。

P-51战斗机被认为是二战期间综合性能最出色的主力战斗机。早期配备低空性能出色的艾利森V-1710发动机，后期因美国陆军航空队提出的护航需求，换装了梅林V-1650发动机，大大提升了空战性能。P-51战斗机各个型号的机载武器都不相同，如P-51A、P-51B和P-51C装有4挺12.7毫米机枪，P-51D和P-51H则装有6挺12.7毫米机枪。除机枪外，还可搭载火箭弹和炸弹等武器。

英文名称：	P-51 Mustang Fighter Aircraft
研制国家：	美国
制造厂商：	北美航空公司
重要型号：	P-51A/B/C/D/H/K
生产数量：	15000架
服役时间：	1942～1984年
主要用户：	美国陆军航空队

World War Ⅱ Weapons

基本参数	
长度	9.83米
高度	4.08米
翼展	11.28米
重量	3465千克
最大速度	703千米/小时
最大航程	2755千米

▲ P-51战斗机编队飞行

▼ P-51战斗机在高空飞行

P-61"黑寡妇"战斗机

P-61"黑寡妇"战斗机是一种双引擎夜间战斗机，它是美国陆军航空队唯一专门设计作为夜间战斗机的飞机，也是美国陆军航空队在二战时期起飞重量最大的战斗机。由于设计复杂且计划耗费相当长的时间，当P-61战斗机在1944年进入太平洋战区服役时，盟军在欧洲和太平洋战场都已经取得制空权，使得P-61战斗机没有太多发挥的空间。

P-61战斗机的中央机舱分为机头雷达舱、驾驶舱（驾驶舱内还有1名坐在飞行员后上方的雷达员）和末端的射击员舱。该机在机身下突出部分装有4门20毫米机炮，一共备弹600发。顶部遥控操纵炮塔内装有4挺12.7毫米机枪，一共备弹1600发。机枪像机炮一样通常由飞行员向前射击，但射击员也能开锁、瞄准，在必要的时候进行防御射击。此外，该机的机翼下方最大可携带2903千克炸弹或火箭弹。

英文名称	P-61 Black Widow Fighter Aircraft
研制国家	美国
制造厂商	诺斯洛普公司
重要型号	P-61A/B/C/G
生产数量	706架
生产时间	1944年
主要用户	美国陆军航空队

World War Ⅱ Weapons

基本参数	
长度	14.9米
高度	4.47米
翼展	20.2米
重量	10637千克
最大速度	589千米/小时
最大航程	3060千米

F4F"野猫"战斗机

F4F"野猫"战斗机是美国海军在二战爆发时最主要的舰载战斗机,采用全金属半硬壳结构,应力蒙皮以铆钉接合。中单翼内有两条主梁,方形翼端。起落架以人力操作的方式收起于机身两侧、机翼前缘的下方,尾轮为固定式,不可伸缩。飞行员座舱为密闭式,位于机翼的中央,在机翼下方两侧各有一个观测窗。

美国海军与美国海军陆战队使用的F4F战斗机都采用普惠R-1830系列发动机,除了F4F-3A采用一级两速增压器以外,其余都是两级两速。外销到英国的FM-1仍然使用R-1830系列发动机,FM-2则改用赖特公司R-1820系列发动机。F4F战斗机的早期型号装有4挺12.7毫米机枪,F4F-4以后的型号以及FM-1/2增加了2挺同样口径的机枪。F4F战斗机是稳定美国在太平洋地区制空权的关键角色。

英文名称:	
F4F Wild Cat Fighter Aircraft	
研制国家:	美国
制造厂商:	格鲁曼公司
重要型号:	F4F-1/2/3/4/5、FM-1/2
生产数量:	7885架
生产时间:	1940~1945年
主要用户:	美国海军、美国海军陆战队、英国海军

World War II Weapons ★★☆

基本参数	
长度	8.76米
高度	2.81米
翼展	11.58米
重量	2612千克
最大速度	515千米/小时
最大航程	1337千米

▲ F4F战斗机侧面视角

▼ F4F战斗机准备起飞

F6F"地狱猫"战斗机

F6F"地狱猫"战斗机一种舰载单发战斗机,在二战中后期是美国海军舰载机的主力机型。在二战中,该机型参与了包括中途岛、菲律宾海战和冲绳战役在内的多次重要战役。

F6F战斗机在内部结构和装备方面相较于F4F战斗机更为先进,但在外观上,除了体形更为庞大以外,两者的基本轮廓保持一致,因此F6F被戏称为"野猫的大哥"。该机型的爬升率为13米/秒,实用升限达到11500米。F6F战斗机的标准武器配置包括6挺12.7毫米口径的勃朗宁M2重机枪。后续的改装使得F6F战斗机能够携带重达907千克的炸弹,或者额外加装568升的油箱。此外,机翼下还能挂载6枚166毫米的火箭弹,用于对地面目标的攻击。

英文名称:	
F6F Hellcat Fighter Aircraft	
研制国家:	美国
制造厂商:	格鲁曼公司
重要型号:	
F6F-3/3E/3N/5/5E/5N/5P	
生产数量:	12275架
生产时间:	1943~1945年
主要用户:	美国海军、英国海军

World War II Weapons

基本参数	
长度	10.24米
高度	3.99米
翼展	13.06米
重量	4190千克
最大速度	629千米/小时
最大航程	2460千米

F4U "海盗"战斗机

F4U "海盗"战斗机是美国在二战时期研制的一种单引擎舰载战斗机，1940年5月首次试飞，1942年12月开始服役。

F4U战斗机的设计在当时独树一帜，机翼采用倒海鸥翼的布局，动力装置为一台普惠R-2800-18W活塞发动机（F4U-4），功率达到1775千瓦，远超同时期的其他军用飞机。F4U战斗机也因此成为美国第一种速度超过640千米/小时（400英里/小时）的战斗机，令美国军方极为满意。

F4U战斗机加速性能好、爬升迅速、火力强大、坚固耐用，除空战外，也可担当战术轰炸机的角色。太平洋战争中，F4U战斗机是美国海军的主力舰载机，也是日本战斗机的主要对手之一。二战结束后，据美国海军统计，F4U战斗机的击落比率为11：1，即每击落11架敌机才有1架被击落。

英文名称：
F4U Corsair Fighter Aircraft
研制国家： 美国
制造厂商： 沃特飞机公司
重要型号：
F4U-1、F4U-2、F4U-4、F4U-5
生产数量： 12571架
服役时间： 1942～1979年
主要用户： 美国海军

World War II Weapons

基本参数	
长度	10.2米
高度	4.5米
翼展	12.5米
重量	4174千克
最大速度	717千米/小时
最大航程	1617千米

A-20"浩劫"攻击机

  A-20"浩劫"攻击机是一种三座双引擎攻击机，1939年1月首次试飞，1941年1月开始服役。A-20攻击机也可作为轻型轰炸机和夜间战斗机使用，其公司内部编号为DB-7。作为攻击机使用时，该机在机头集中安装多门机炮用来对地扫射。作为轻型轰炸机使用时，会改成透明玻璃机头，方便投弹手瞄准，而机腹弹舱内挂有炸弹。A-20攻击机的座舱盖很长，前后分别坐有驾驶员和射手，后座常配备机枪或遥控炮塔。

  A-20攻击机的动力装置为两台赖特R-2600-A5B发动机，单台功率为1268千瓦。虽然A-20攻击机在同类型战机中不是速度最快也不是航程最长的，但它仍凭借机体坚固和可靠性强等优点，获得了良好的声誉。该机非常适应轻型轰炸机和夜间战斗机的角色，并在每一个战区都有所表现。珍珠港事件爆发时，有一个中队的A-20攻击机被日军炸毁在机场上。后来，美国陆军航空队的A-20攻击机大多使用在南太平洋地区。

英文名称：	A-20 Havoc Attack Aircraft
研制国家：	美国
制造厂商：	道格拉斯飞机公司
重要型号：	A-20A/B/C/G/H/J
生产数量：	7478架
生产时间：	1939～1944年
主要用户：	美国陆军航空队、苏联空军、法国空军、英国空军

World War II Weapons ★★☆

基本参数	
长度	14.63米
高度	5.36米
翼展	18.69米
重量	6827千克
最大速度	546千米/小时
最大航程	1690千米

B-17"空中堡垒"轰炸机

B-17"空中堡垒"轰炸机是一种四引擎重型轰炸机,1935年7月首次试飞,1938年4月开始服役。

B-17轰炸机配备了强有力的R-1820-51发动机,最大功率达895千瓦。该机采用了面积较大的方向舵和副翼,透明的机鼻为耐热有机玻璃和框架构成。机鼻右侧有一个简单的7.62毫米球形万向机枪座,透明机鼻上下方的一块平板玻璃充当投弹瞄准窗口。驾驶舱顶部有气泡观察窗。

B-17轰炸机是世界上最先配备雷达瞄准具、能在高空精确投弹的大型轰炸机,开创了战略轰炸的概念。1940年,B-17轰炸机因白天轰炸柏林而闻名于世。1943~1945年,在美国陆军航空队在德国上空进行的规模庞大的白天精密轰炸作战中,B-17轰炸机更是表现优异。实际上,欧洲战场上大部分的轰炸任务都是B-17完成的。

英文名称	B-17 Flying Fortress Bomber Aircraft
研制国家	美国
制造厂商	波音公司
重要型号	B-17B/C/D/E/F
生产数量	12731架
服役时间	1938~1968年
主要用户	美国陆军航空队、英国空军、巴西空军、以色列空军、加拿大空军

基本参数	
长度	22.66米
高度	5.82米
翼展	31.62米
重量	16391千克
最大速度	462千米/小时
最大航程	3219千米

B-24"解放者"轰炸机

B-24"解放者"轰炸机是四引擎重型轰炸机,也是二战期间最著名的作战飞机之一。该机于1939年12月首次试飞,1941年开始服役。该机航程较远,在整个战争期间都可以看到它的身影,它与B-17轰炸机一起成为对德国进行大规模战略轰炸的主力。B-24轰炸机最著名的一次战役是远程空袭普罗耶什蒂油田,对德国的能源供应造成了极大的破坏。

B-24轰炸机有一个实用性极强的粗壮机身,其上下、前后及左右两侧均设有自卫枪械,构成了一个强大的火力网。梯形悬臂上单翼装有4台R1830空冷活塞发动机。机头有一个透明的投弹瞄准舱,其后为多人驾驶舱,而驾驶舱后方是一个容量很大的炸弹舱,轰炸目标较近时最多可挂载3600千克炸弹。

英文名称:	
B-24 Liberator Bomber Aircraft	
研制国家:	美国
制造厂商:	共和飞机公司
重要型号:	B-24C/D/E/G/H/J/L/M
生产数量:	19256架
服役时间:	1941~1968年
主要用户:	美国陆军航空队、英国空军、澳大利亚空军、加拿大空军

World War II Weapons

基本参数	
长度	20.6米
高度	5.5米
翼展	33.5米
重量	16590千克
最大速度	488千米/小时
最大航程	3300千米

▲ B-24轰炸机侧面视角

▼ B-24轰炸机准备降落

B-25"米切尔"轰炸机

B-25"米切尔"轰炸机是一种上单翼、双垂尾、双引擎中型轰炸机,综合性能良好,出勤率高而且用途广泛。该机于1940年8月首次试飞,1941年开始服役。该机有5名机组成员,包括机长、副驾驶、投弹员兼领航员、通信员兼机枪手、机枪手。B-25轰炸机的动力装置为两台赖特R-2600活塞发动机,单台功率为1267千瓦。

B-25轰炸机在太平洋战争中表现出色,战争中期,B-25轰炸机参与使用了类似鱼雷攻击的"跳跃"投弹技术。飞机在低高度将炸弹投放到水面上,而后炸弹在水面上跳跃着飞向敌舰,这种方式不仅提高了投弹的命中率,还增加了杀伤力,因为炸弹经常在敌舰吃水线下爆炸。B-25轰炸机还执行了"空袭东京"任务,由此声名大噪。

英文名称:	B-25 Mitchell Bomber Aircraft
研制国家:	美国
制造厂商:	北美航空公司
重要型号:	B-25A/B/C/D/G/H
生产数量:	9816架
服役时间:	1941~1979年
主要用户:	美国陆军航空队、英国空军、澳大利亚空军、巴西空军

World War II
Weapons

基本参数	
长度	16.13米
高度	4.98米
翼展	20.6米
重量	8855千克
最大速度	438千米/小时
最大航程	2174千米

B-26 "劫掠者" 轰炸机

B-26 "劫掠者" 轰炸机是一种双引擎中型轰炸机，1940年11月首次试飞，1941年开始服役。

B-26轰炸机的机身为半硬壳铝合金结构，由前、中、后三段组成，其中带有弹舱的机身中段与机翼一起制造。该机装有两台被整流罩严密包裹的普惠R-2800星型发动机，可携带1800千克炸弹。自卫武器方面，B-26轰炸机装有11挺12.7毫米机枪，其中机身两侧固定安装4挺，机头有1挺，背部有2挺，腹部有2挺，尾部炮塔有2挺。

与B-25轰炸机相比，B-26轰炸机有更快的速度、更大的载弹量，但生存能力较差，甚至被冠以"寡妇制造者"的绰号。在早期的使用中，B-26轰炸机的坠毁率较大，好在经过改进后，问题得到较大改善，坠毁率降到了正常水平。

英文名称：	
B-26 Marauder Bomber Aircraft	
研制国家：	美国
制造厂商：	马丁公司
重要型号：	B-26A/B/C/E/F/G
生产数量：	5288架
服役时间：	1941~1958年
主要用户：	美国陆军航空队、英国空军、法国空军、南非空军

World War II Weapons
★ ★ ☆

基本参数	
长度	17.8米
高度	6.55米
翼展	21.65米
重量	11000千克
最大速度	460千米/小时
最大航程	4590千米

B-29 "超级堡垒"轰炸机

B-29 "超级堡垒"轰炸机是一种四引擎重型轰炸机,是美国陆军航空队在二战亚洲战场上的主力战略轰炸机。其崭新设计包括加压机舱、中央火控、遥控机枪等。由于使用了加压机舱,B-29轰炸机的飞行员不需要长时间戴上氧气罩,以及忍受严寒。B-29轰炸机最初的设计构想是作为日间高空精确轰炸机,但是实际使用时却大多在夜间出动,在低空进行燃烧轰炸。

B-29轰炸机的机身大多使用铝制蒙皮,而控制翼面是织物蒙皮。早期交付的B-29轰炸机涂上了传统的橄榄绿和灰色涂装,其他批次则未涂装。每个起落架配备双轮,尾部有一个可伸缩的缓冲器,在飞机进行高姿态着陆和起飞保护尾部。该机的实用升限超过9700米,当时大部分战斗机都很难爬升到这个高度。

英文名称:	B-29 Super Fortress Bomber Aircraft
研制国家:	美国
制造厂商:	波音公司
重要型号:	B-29
生产数量:	3970架
服役时间:	1944~1960年
主要用户:	美国陆军航空队、英国空军、澳大利亚空军

World War II Weapons

基本参数	
长度	30.18米
高度	8.45米
翼展	43.06米
重量	33800千克
最大速度	574千米/小时
最大航程	5230千米

TBD"毁灭者"轰炸机

TBD"毁灭者"轰炸机是美国第一种得以广泛使用的单翼舰载机、第一种全金属海军飞机。该机在1941年加入美国海军服役,主要装备在航空母舰上。它参与了包括中途岛海战在内的多次重要战役。

TBD轰炸机采用全金属结构和中单翼设计,配备了可收放式起落架。其细长的机身设计旨在适应航空母舰上的存储和操作需求。为了减少在航母甲板上所占空间,该机的机翼能够折叠。飞机由3名机组人员操作,包括飞行员、投弹手和机枪手。在武器配置上,该机可在机腹携带1枚Mk 13鱼雷或1枚450千克炸弹,或者在机腹及两侧机翼下各挂载1枚260千克炸弹。至于自卫武器,它安装了两挺7.62毫米机枪,或者1挺7.62毫米机枪和1挺12.7毫米机枪。

英文名称:	
TBD Devastator Bomber Aircraft	
研制国家:	美国
制造厂商:	道格拉斯公司
重要型号:	TBD-1、TBD-1A
生产数量:	130架
生产时间:	1937~1939年
主要用户:	美国海军

World War II Weapons

基本参数	
长度	10.67米
高度	4.6米
翼展	15.24米
重量	2540千克
最大速度	332千米/小时
最大航程	1152千米

TBF "复仇者" 轰炸机

TBF "复仇者" 轰炸机是二战中后期美国海军装备的一种舰载鱼雷轰炸机,在太平洋战争中发挥了重要作用,尤其是在菲律宾海海战、莱特湾海战以及坊之岬海战中,击沉了多艘日本的重要舰只,包括航空母舰和战列舰。

TBF轰炸机相较于TBD轰炸机在性能上有了显著提升,其中包括更强大的发动机、新设计的流线形座舱配备防弹玻璃,以及前所未有的坚固防弹装甲。此外,TBF轰炸机的机翼能够向上折叠,从而大幅减少了在航空母舰机库内所占的空间。其襟翼上装有减速板,配合刹车减速板,赋予了TBF轰炸机与俯冲轰炸机相媲美的俯冲攻击能力。在武器方面,TBF轰炸机可以携带1枚Mk 13鱼雷,或者1枚900千克炸弹,或者4枚225千克炸弹。至于自卫武器,它装备了1挺7.62毫米机枪和3挺12.7毫米机枪。

英文名称: TBF Avenger Bomber Aircraft
研制国家: 美国
制造厂商: 格鲁曼公司
重要型号: TBF-1/1C/1D/1E/1J/1L/3
生产数量: 9839架
生产时间: 1942~1945年
主要用户: 美国海军

World War II Weapons

基本参数	
长度	12.2米
高度	5米
翼展	16.51米
重量	4783千克
最大速度	447千米/小时
最大航程	1456千米

SBD "无畏" 俯冲轰炸机

　　SBD "无畏" 轰炸机是一种舰载单引擎俯冲轰炸机，二战时期主要活跃于太平洋战场上。在珊瑚海海战与中途岛海战当中，SBD轰炸机取得了惊人的战绩，尤其是击沉了日本海军引以为傲的主力舰艇："赤城"号、"加贺"号、"苍龙"号和"飞龙"号航空母舰。1944年后继机种SB2C俯冲轰炸机服役后，SBD轰炸机逐渐退居二线。

　　SBD轰炸机的金属蒙皮技术较为成熟，使用穿孔式空气刹车襟翼，兼顾了结构强度与俯冲时的机身稳定性，不像德国JU-87轰炸机与日本99式轰炸机必须额外加装维持稳定的副翼与固定式起落架。SBD轰炸机的起落架可以收放，有利于减轻风阻。虽然SBD轰炸机的重量高于国外同类飞机，但仍能维持相同速度与更好的飞行性能。

英文名称：	SBD Dauntless Dive Bomber Aircraft
研制国家：	美国
制造厂商：	道格拉斯公司
重要型号：	SBD-1/2/3/4/5/6
生产数量：	5936架
生产时间：	1940～1944年
主要用户：	美国海军、美国海军陆战队、法国空军

World War Ⅱ Weapons

基本参数	
长度	10.09米
高度	4.14米
翼展	12.66米
重量	2905千克
最大速度	410千米/小时
最大航程	1795千米

SB2C"地狱俯冲者"轰炸机

SB2C"地狱俯冲者"轰炸机是美国海军航空兵在二战期间使用的最后一款俯冲轰炸机。其原型机于1940年12月18日在纽约州布法罗完成组装,并进行了首次试飞。之后,该机经过进一步改进,于1942年12月正式编入海军现役,并在太平洋战场上广泛参与作战。

SB2C轰炸机采用了全金属结构,机翼可折叠,以适应航空母舰的存储空间。机翼后缘装有俯冲减速板,以提高俯冲时的稳定性。该机装备了两门20毫米机炮和1挺12.7毫米机枪,其炸弹舱能够携带1枚450千克或725千克的炸弹,机翼下可挂载两枚45千克的炸弹。当SB2C轰炸机的速度降至145千米/小时以下时,其操纵性会显著下降。由于航空母舰降落的进场速度为137千米/小时,SB2C轰炸机在这一速度下很容易失控。

英文名称:	
SB2C Helldiver Bomber Aircraft	
研制国家:	美国
制造厂商:	柯蒂斯公司
重要型号:	SB2C-1/1C/2/3/4/5
生产数量:	7140架
生产时间:	1943~1945年
主要用户:	美国海军

World War II Weapons

基本参数	
长度	11.18米
高度	4.01米
翼展	15.16米
重量	4784千克
最大速度	475千米/小时
最大航程	千米

"列克星敦"级航空母舰

"列克星敦"级航空母舰在诞生之时以超过43000吨的满载排水量成为世界各国海军中最大的航空母舰,在美国海军中的这一纪录一直保持到1945年"中途岛"级航空母舰服役。"列克星敦"级航空母舰采用封闭舰艏,单层机库,拥有两部升降机,全通式飞行甲板长271米,岛式舰桥与巨大而扁平的烟囱设在右舷。

"列克星敦"级航空母舰采用蒸汽轮机-电动机主机的电气推进动力系统,其防护装甲与巡洋舰相当。4座双联装203毫米口径火炮分别装在上层建筑前后,用来打击水面目标。事实上,203毫米口径火炮在面对敌方巡洋舰时的防御能力极其有限,多年以后才证明无此必要。此外,该级舰还装有12门Mk 10型127毫米高平两用炮,16门Mk 12型127毫米高射炮。

英文名称: Lexington Class Aircraft Carrier
研制国家: 美国
制造厂商: 霍河造船厂、纽约造船公司
舰名由来: 地名命名法
生产数量: 2艘
生产时间: 1920~1927年
主要用户: 美国海军

World War II Weapons

基本参数	
标准排水量	37000吨
满载排水量	43746吨
长度	270.7米
宽度	32.3米
吃水深度	9.3米
最大速度	33.3节

"游骑兵"号航空母舰

"游骑兵"号航空母舰是美国海军第一艘专门设计建造的航空母舰，而非以其他军舰改装。该舰的排水量较小，上层建筑也较小，飞行甲板非常狭窄，耐波性存在问题，因此这种舰型并未成为主流，后续的建造计划也被取消。不过，"游骑兵"号航空母舰在设计与操作中所产生的问题，为美国海军后续航空母舰的设计提供了许多宝贵的经验。

美国海军在设计与建造"游骑兵"号航空母舰时认为吨位较小的航空母舰较为适用，但等到试航时才发现这种航空母舰的耐波性不良，舰载机在气候条件较差时进行起降作业较为危险。另外，"游骑兵"号航空母舰的甲板过窄、航速太慢，鱼雷轰炸机在航空母舰上的操作存在诸多限制，尤其在没有足够的风势帮助下，满载鱼雷的鱼雷轰炸机几乎无法起飞。

英文名称：	USS Ranger（CV-4）
研制国家：	美国
制造厂商：	纽波特纽斯造船公司
舰名由来：	继承古舰名
生产数量：	1艘
生产时间：	1931～1934年
主要用户：	美国海军

World War II Weapons

基本参数	
标准排水量	14810吨
满载排水量	17859吨
长度	222.5米
宽度	24.4米
吃水深度	6.8米
最大速度	29节

"约克城"级航空母舰

"约克城"级航空母舰是美国在1934年设计建造的航空母舰,是美国设计的第三款舰队航空母舰。该舰充分吸收了之前美国海军改装、设计、建造航空母舰的经验,采用开放式机库,拥有3部升降机,飞行甲板前端装有弹射器,紧急情况下舰载机可以通过在机库中设置的弹射器从机库中直接弹射起飞(后来取消了这项不实用的功能),突出舰载机的出击能力。飞行甲板前后装了两组拦阻索,飞机可以在飞行甲板的任一端降落。木制飞行甲板没有装甲防护,舰桥、桅杆和烟囱一体化的岛式上层建筑位于右舷。

"约克城"级航空母舰的设计受到《华盛顿海军条约》的吨位限制,然而相比起上一代的"游骑兵"号航空母舰,"约克城"级航空母舰更适用于美国海军的战略及战术运用,既可搭载大量飞机,同时享有优越的速度与续航距离,只是水下防御有所不足。

英文名称:	Yorktown Class Aircraft Carrier
研制国家:	美国
制造厂商:	纽波特纽斯造船公司
舰名由来:	继承古舰名
生产数量:	3艘
生产时间:	1934~1941年
主要用户:	美国海军

World War II Weapons

基本参数	
标准排水量	20100吨
满载排水量	25900吨
长度	230米
宽度	25米
吃水深度	7.9米
最大速度	32.5节

"胡蜂"号航空母舰

"胡蜂"号航空母舰是"胡蜂"级航空母舰的一号舰也是唯一的一艘。美国加入二战后,"胡蜂"号航空母舰先后参与了欧洲与太平洋海战,于1942年被日军潜艇击沉。受《华盛顿海军条约》的限制,"胡蜂"号航空母舰被迫多次降低吨位,使之看上去是"约克城"级航空母舰的缩小版本。"胡蜂"号航空母舰的设备重量大幅减轻,动力也被大幅削弱,远小于"约克城"级航空母舰。

"胡蜂"号航空母舰设计搭载76架固定翼飞机,实际搭载90架左右固定翼飞机。自卫武器方面,"胡蜂"号航空母舰安装了8座单管127毫米炮、4座四联装27.9毫米炮及24挺12.7毫米机枪。"胡蜂"号航空母舰基本上没有安装有效装甲,尤其是对鱼雷的防御极为薄弱,后期追加的装甲也无法补救这个致命缺陷。

英文名称	USS Wasp(CV-7)
研制国家	美国
制造厂商	霍河造船厂
舰名由来	继承古舰名
生产数量	1艘
生产时间	1936~1940年
主要用户	美国海军

World War II Weapons

基本参数	
标准排水量	14700吨
满载排水量	19423吨
长度	210米
宽度	24.6米
吃水深度	6.1米
最大速度	29.5节

"埃塞克斯"级航空母舰

"埃塞克斯"级航空母舰是美国海军历史上建造数量最多的一级舰队航空母舰,在太平洋战争中起到了重要作用。"埃塞克斯"级航空母舰吸取了美国以往航空母舰的优点,舰型为"约克城"级航空母舰的扩大改进型,舰体长宽比为8:1。舰艏、舰艉及左舷外部各设1座升降台,甲板及机库各设1座弹射器。在舰艉与舰艏各设有1组拦阻索,能阻拦降落重量达5.4吨的舰载机。水平装甲设于机库甲板而非飞行甲板,以腾出更多机库空间。该舰的水下、水平防护和对空火力都有所加强,舰体分隔更多的水密舱室。

"埃塞克斯"级航空母舰的自卫火力包括4座双联装127毫米火炮、4门单管127毫米火炮、8座四联装40毫米高射炮和46门20毫米机炮。一般情况下,"埃塞克斯"级航空母舰可搭载37架SB2C轰炸机、36架F6F"地狱猫"战斗机和18架TBF"复仇者"鱼雷轰炸机。该级舰在太平洋战争中担当主力,少数同级舰还参与了二战后的局部战争。

英文名称:	Essex Class Aircraft Carrier
研制国家:	美国
制造厂商:	纽波特纽斯造船公司
舰名由来:	地名命名法
生产数量:	24艘
生产时间:	1941~1950年
主要用户:	美国海军

World War Ⅱ
Weapons

基本参数	
标准排水量	31300吨
满载排水量	36960吨
长度	249.9米
宽度	28.3米
吃水深度	7米
最大速度	32.7节

"艾奥瓦"级战列舰

"艾奥瓦"级战列舰是美国海军建成的排水量最大的一级战列舰,也是美国事实上的最后一级战列舰,在1943~1992年间服役。该级舰的舰体细长,舰体长宽比为8.18:1,而当时其他战列舰的长宽比大多不超过7:1。"艾奥瓦"级战列舰装有3座三联装Mk 7型406毫米主炮,发射Mk 8穿甲弹,可在14.5海里距离穿透381毫米的垂直装甲。高炮为10座双联装127毫米高平两用炮,对空射程为6海里。此外,该级舰还装备了15座四联装40毫米博福斯机炮和60门20毫米厄利空机炮。

20世纪80年代,"艾奥瓦"级战列舰进行改造升级,拆除了所有20毫米、40毫米机炮以及4座双联装127毫米高平两用炮,替换为8座四联装"战斧"巡航导弹发射器、4座四联装"鱼叉"反舰导弹发射器、4座"密集阵"近防系统等新武器,并增设直升机起降平台。

英文名称:	Iowa Class Battleship
研制国家:	美国
制造厂商:	纽约造船公司
船名由来:	地名命名法
生产数量:	4艘
生产时间:	1940~1944年
主要用户:	美国海军

World War II
Weapons

基本参数	
标准排水量	45000吨
满载排水量	58000吨
长度	262.5米
宽度	33米
吃水深度	11米
最大速度	33节

"克利夫兰"级巡洋舰

"克利夫兰"级巡洋舰是美国在二战时期建造的轻型巡洋舰,也是美国在二战中参战最多的巡洋舰。该级舰一共建造了27艘,其中有3艘在二战后建成服役。"克利夫兰"级巡洋舰的设计完全摆脱了各类海军军备条约的限制,并根据欧洲战区的实战经验,着重增大航程和增强防空火力,以提高整体战斗力。

"克利夫兰"级巡洋舰采用先进的独立防水隔舱,因而在对鱼雷、水平的防护方面比较优秀,再加上火力强大,因此经常作为快速航空母舰编队的成员参加战斗。"克利夫兰"级巡洋舰装有4座三联装Mk 16型152毫米舰炮、6座双联装Mk 12型127毫米舰炮、12门40毫米博福斯高炮和20门20毫米厄利空高炮,并可搭载4架水上飞机。

英文名称:	Cleveland Class Cruiser
研制国家:	美国
制造厂商:	纽约造船公司
舰名由来:	地名命名法
生产数量:	27艘
生产时间:	1940~1945年
主要用户:	美国海军

World War II
Weapons

基本参数	
标准排水量	11932吨
满载排水量	14358吨
长度	180米
宽度	20米
吃水深度	7.7米
最大速度	32.5节

"巴尔的摩"级巡洋舰

"巴尔的摩"级巡洋舰是美国在二战中建造的重型巡洋舰。由于完全摆脱了《华盛顿海军条约》和《伦敦海军条约》的束缚,"巴尔的摩"级巡洋舰的标准排水量超过14000吨。该级舰火力强大,防护优异,航速较高,是二战中性能较为均衡的重型巡洋舰。与同时期日本重型巡洋舰相比,"巴尔的摩"级巡洋舰除了航速略逊外,其他各项战术指标均占上风。

"巴尔的摩"级巡洋舰装有3座三联装203毫米主炮(2座向前,1座向后)、6座双联装127毫米副炮、48门40毫米博福斯高射炮和24门20毫米厄利空机炮,并可搭载4架OS2U"翠鸟"水上侦察机。得益于其庞大的舰体和充足的火力,"巴尔的摩"级巡洋舰的防空能力仅次于快速战列舰,因此服役后多半用于快速航空母舰编队的护航。二战期间,"巴尔的摩"级巡洋舰的损失极小。

英文名称:	Baltimore Class Cruiser
研制国家:	美国
制造厂商:	霍河造船厂
舰名由来:	地名命名法
生产数量:	14艘
生产时间:	1941~1946年
主要用户:	美国海军

World War II Weapons

基本参数	
标准排水量	14733吨
满载排水量	17273吨
长度	205.3米
宽度	21.6米
吃水深度	8.2米
最大速度	33节

"本森"级驱逐舰

"本森"级驱逐舰是美国于20世纪30年代末开始建造的驱逐舰，一共建造了30艘。该级舰的舰名来源于美国海军上将威廉·本森，他是一战期间的美国海军作战部部长，也是自1915年设立该职务以来的首任部长。"本森"级驱逐舰是美国海军在二战中的主力驱逐舰之一，有4艘在战争中被击毁。

"本森"级驱逐舰装有5座单管127毫米Mk12高平两用炮（A、B、Y主炮有护盾，Q、X主炮没有护盾，二战中Q主炮被拆除，其余主炮皆改为炮塔炮），防空武器为2座双联40毫米博福斯机炮和7座单管20毫米厄利空机炮，反舰武器为2具五联装533毫米鱼雷发射管（二战中因增加防空武器而拆除了1具鱼雷发射管），反潜武器为12枚深水炸弹。

英文名称	Benson Class Destroyer
研制国家	美国
制造厂商	霍河造船厂
舰名由来	人名命名法
生产数量	30艘
生产时间	1938~1943年
主要用户	美国海军

World War II
Weapons

基本参数	
标准排水量	1620吨
满载排水量	2200吨
长度	106.1米
宽度	11米
吃水深度	5.4米
最大速度	37.5节

"弗莱彻"级驱逐舰

  "弗莱彻"级驱逐舰是美国在二战期间建造的驱逐舰,首舰于1942年6月开始服役。二战结束后,幸存的"弗莱彻"级驱逐舰进行了改装。20世纪70年代,该级舰从美国海军退役,有一部分移交其他国家,一直使用到21世纪初期。"弗莱彻"级驱逐舰是美国海军第一级在建造时就安装雷达的驱逐舰,每一艘在服役时都配备了完善的雷达系统,包括对空搜索雷达和对海搜索雷达。

  "弗莱彻"级驱逐舰的主要武器是5门127毫米高平两用舰炮,担负打击水面舰艇和远距离空中目标的双重任务。该级舰的中近程防空武器为3座双联装40毫米博福斯机炮和7～10座单管20毫米厄利空机炮。反舰武器方面,"弗莱彻"级驱逐舰装有2座五联装533毫米鱼雷发射管。

英文名称：	Fletcher Class Destroyer
研制国家：	美国
制造厂商：	霍河造船厂
舰名由来：	人名命名法
生产数量：	175艘
生产时间：	1941～1945年
主要用户：	美国海军、阿根廷海军、巴西海军、意大利海军

World War Ⅱ Weapons

基本参数	
标准排水量	2050吨
满载排水量	3050吨
长度	114.8米
宽度	12米
吃水深度	5.3米
最大速度	36.5节

"艾伦·萨姆纳"级驱逐舰

"艾伦·萨姆纳"级驱逐舰是"弗莱彻"级驱逐舰的放大版，堪称美国在二战中建造的最好的驱逐舰。该级舰原计划建造70艘，其中有12艘在建造过程中改为快速布雷舰，还有3艘在二战后才完工。二战中，有4艘"艾伦·萨姆纳"级驱逐舰被摧毁。1975年，该级舰从美国海军退役，其中一部分被转售给阿根廷、巴西、希腊、智利和土耳其等国。

"艾伦·萨姆纳"级驱逐舰装有3座Mk 32双联装127毫米高平两用炮，2座五联装533毫米鱼雷发射管（部分舰只减少为1座）。防空武器为2座四联装40毫米博福斯机炮，2座双联装40毫米博福斯机炮，11座单管20毫米厄利空机炮。反潜武器为2座深水炸弹投掷槽和4~6座刺猬弹发射器。20世纪60年代初，有33艘"艾伦·萨姆纳"级进行了现代化改装，可搭载反潜直升机。

英文名称： Allen Sumner Class Destroyer	
研制国家：美国	
制造厂商：巴斯钢铁厂	
舰名由来：人名命名法	
生产数量：58艘	
生产时间：1943~1946年	
主要用户：美国海军、阿根廷海军、巴西海军、希腊海军	

World War II
Weapons

基本参数	
标准排水量	2220吨
满载排水量	3515吨
长度	114.8米
宽度	12.5米
吃水深度	5.8米
最大速度	34节

"基林"级驱逐舰

"基林"级驱逐舰可视为"艾伦·萨姆纳"级驱逐舰的放大版。该级舰在1944~1945年间建成了98艘,大部分赶在二战结束前完工,但未能参加实战。另外,还有58艘的建造计划被取消。"基林"级驱逐舰在美国海军中一直服役到20世纪80年代,另有很大一部分转入其他国家海军。

"基林"级驱逐舰比"艾伦·萨姆纳"级驱逐舰的尺寸略大。该级舰最初装有3座Mk 32双联装127毫米高平两用炮和2具五联装533毫米鱼雷发射管,防空武器为2座四联装40毫米博福斯机炮、2座双联装40毫米博福斯机炮和11座单管20毫米厄利空机炮。改装为导弹驱逐舰后的"基阿特"号的主要武器为4~5座双联装127毫米火炮,导弹发射装置安装在原先舰艉127毫米主炮的炮座位置上。

英文名称:	Gearing Class Destroyer
研制国家:	美国
制造厂商:	巴斯钢铁厂
舰名由来:	人名命名法
生产数量:	98艘
生产时间:	1944~1952年
主要用户:	美国海军、希腊海军、韩国海军、西班牙海军

World War II Weapons

基本参数	
标准排水量	2616吨
满载排水量	3460吨
长度	119米
宽度	12.5米
吃水深度	4.4米
最大速度	32节

"小鲨鱼"级潜艇

"小鲨鱼"级潜艇是美国在二战时期建造的常规动力潜艇,也是二战期间美国海军的主力潜艇。该级艇基本上保持了一战潜艇的外形,不过排水量更高。"小鲨鱼"级潜艇自舰艏起分别为鱼雷舱、官舱、控制舱、无线电室、厨房、餐厅、住舱、前轮机舱、后轮机舱、主机控制舱、后鱼雷舱等。与当时所有的传统潜艇一样,"小鲨鱼"级潜艇下潜后的续航力和机动力都不佳,高速水下航行很快会将电瓶耗尽。大部分时间都在水面航行,而且水面航速高于水下航速。

"小鲨鱼"级潜艇在太平洋战争中表现出色,如在菲律宾海海战中击沉日本"翔鹤"号航空母舰和"大凤"号航空母舰,取得比美国航空母舰更辉煌的战绩。莱特湾海战中,"小鲨鱼"级潜艇也击沉了日本"爱宕"号巡洋舰和"摩耶"号巡洋舰。

英文名称:	Gato Class Submarine
研制国家:	美国
制造厂商:	通用动力电船公司
舰名由来:	水生物命名法
生产数量:	77艘
生产时间:	1940~1944年
主要用户:	美国海军、土耳其海军、希腊海军、巴西海军

World War II Weapons ★ ★ ☆

基本参数	
水上排水量	1525吨
潜航排水量	2424吨
长度	95米
宽度	8.3米
吃水深度	5.2米
潜航速度	9节

M1903 手动步枪

M1903手动步枪是美军在一战及二战时的制式步枪,因其由斯普林菲尔德兵工厂研制而得名斯普林菲尔德步枪,也有译成春田兵工厂而称为春田步枪。该枪以弹仓供弹,弹容量为5发。早期的M1903步枪配有杆式刺刀,后来改用匕首型刺刀。该枪最初使用M1903圆头枪弹,后来采用M1906枪弹(7.62×63毫米),弹头形状改为尖头。

在一战结束之前生产的M1903步枪在发射M1906枪弹时易出现机匣损坏的情况,1918年引入新的热处理工艺,旧工艺生产的步枪在机匣上开有小孔释放部分火药气体压力。M1903步枪的狙击步枪版本加装了光学瞄准镜,显著提高了射击精度,为了不妨碍瞄准镜的使用,所以拆除了机械瞄具。

英文名称:	M1903 Springfield Rifle
研制国家:	美国
制造厂商:	斯普林菲尔德兵工厂
重要型号:	M1903、M1903 NRA、M1903 NM
生产数量:	130万支
生产时间:	1907~1949年
主要用户:	美国陆军

World War Ⅱ Weapons

基本参数	
口径	7.62毫米
全长	1097毫米
枪管长	610毫米
重量	3.9千克
最大射速	15发/分
有效射程	914米
弹容量	5发

M1 加兰德半自动步枪

M1加兰德步枪是世界上第一种大量服役的半自动步枪。该枪采用导气式工作原理，枪机回转式闭锁方式。与同时代的手动步枪相比，M1步枪的射击速度有了质的提高，并有着不错的射击精度，在战场上可以起到很好的压制作用。此外，该枪可靠性高，经久耐用，易于分解和清洁。

M1步枪的枪机较重，但它并没承受很大的应力，而且额外的重量也能在发生弹壳破裂等类似的危险时，提供一定程度的保护。M1步枪的供弹方式比较有特色，装双排8发子弹的钢制弹匣由机匣上方压入弹仓，最后一发子弹射击完毕时，枪空仓挂机，弹匣会自动弹出并发出声响，提醒士兵重新装子弹。不过，一次压入弹仓的弹匣在子弹打光之前并不容易再装填子弹，造成极大的不便，而在潮湿的环境时，弹匣也有卡死的可能。此外，M1步枪还配备了一些不同样式的刺刀。

英文名称：	
M1 Garand Semi-automatic Rifle	
研制国家：美国	
制造厂商：斯普林菲尔德兵工厂	
重要型号：	
M1、M1E1/2/3/4/5/6、M1C/D	
生产数量：625万支	
生产时间：1936～1959年	
主要用户：美国陆军、土耳其陆军、法国陆军、意大利陆军	

基本参数	
口径	7.62毫米
全长	1100毫米
枪管长	609.6毫米
重量	5.3千克
最大射速	50发/分
有效射程	457米
弹容量	8发

▲ 拆解后的M1"加兰德"步枪

▼ M1"加兰德"步枪及其配件

M1941 约翰逊半自动步枪

M1941约翰逊步枪是由美国海军陆战队预备役上尉梅尔文·约翰逊设计,在二战期间被美国海军陆战队选作制式武器,另外还装备美国陆军特种作战部队。该枪使用军用步枪中少见的枪管后坐式原理的自动方式,枪机回转式闭锁方式,射击方式为半自动,采用弧形表尺。与采用导气式自动方式的M1加兰德步枪相比,M1941半自动步枪的结构比较简单,质量较轻,携行方便。但这种自动方式较易出现故障,整个设计不够坚固耐用,加挂刺刀时更甚。

M1941半自动步枪的弹仓比较独特,由10发鼓形弹仓供弹,弹仓为半圆形,弹容量可达10发。枪管的后半截有套筒,套筒上布满了圆孔,拉机柄在枪的右侧,其枪弹也从右侧装入弹仓。M1941半自动步枪的枪管可轻易拆解,这使它颇受伞兵和特种部队欢迎。

英文名称:	M1941 Johnson Semi-automatic Rifle
研制国家:	美国
制造厂商:	约翰逊自动武器公司
重要型号:	M1941
生产数量:	7万支
生产时间:	1941～1944年
主要用户:	美国海军陆战队、美国陆军

World War II Weapons

基本参数	
口径	7.62毫米
全长	1165毫米
枪管长	560毫米
重量	4.31千克
最大射速	30发/分
有效射程	732米
弹容量	10发

M1 卡宾枪

M1卡宾枪是美国在二战时期研制的卡宾枪。该枪采用短行程活塞的导气自动原理，导气孔位于枪管中部，距弹膛前端面约115毫米，活塞在枪管的下方，后坐距离仅3.5毫米。在发射时，火药燃气通过导气孔进入导气室并推动活塞向后运动，活塞撞击枪机框，使其后坐。早期M1卡宾枪上的保险是横推式的开关，但在持续射击时保险按钮很快会变得过热，从而影响更换弹匣，因此后来改为回转式的杠杆开关。

与M1"加兰德"步枪相比，M1卡宾枪有便于更换的弹匣和较大的弹容量，实际射速高而且后坐力低，其射击精度和侵彻作用比使用手枪弹的冲锋枪强。因此，在二战期间M1卡宾枪是一种相当有效的步兵近战武器。在欧洲战场，M1卡宾枪大量装备给士官、侦察兵和空降部队。在太平洋战场，M1卡宾枪几乎完全取代了M1"加兰德"步枪。

英文名称：	M1 Carbine
研制国家：	美国
制造厂商：	温彻斯特公司
重要型号：	M1、M1A1、M1A3
生产数量：	650万挺
生产时间：	1941～1945年
主要用户：	美国陆军、英国陆军、法国陆军、意大利陆军

World War II Weapons ★★☆

基本参数	
口径	7.62毫米
全长	900毫米
枪管长	460毫米
重量	2.4千克
最大射速	900发/分
有效射程	300米
弹容量	15发

M1919 中型机枪

M1919中型机枪是约翰·勃朗宁在M1917重机枪基础上改进而来的气冷式机枪,被美国等多个国家用于中型机枪、同轴武器及航空机枪等用途。M1919中型机枪与M1917重机枪的枪身结构几乎一样,大部分零件可以互换,主要改进了枪管套筒、三脚架、提把和枪托等零部件。M1919中型机枪外观上明显的特征是枪管外部有一个散热筒,筒上有散热孔,散热筒前面有助退器。

M1919中型机枪与M1917重机枪一样,采用枪管短后坐式工作原理,卡铁起落式闭锁机构。虽然M1919中型机枪大幅减轻了重量,但仍然没有达到步兵轻松携带的地步。M1919中型机枪转移阵地时至少需要两人操作,基本上是一人扛机枪,另一人扛M2三脚架,另有人携带弹药箱。另外,M1919中型机枪不能像水冷式机枪那样维持长时间持续火力。

英文名称:	
M1919 Medium Machine Gun	
研制国家:	美国
制造厂商:	柯尔特公司
重要型号:	M1919A1/A2/A3/A4/A5/A6
生产数量:	500万挺
生产时间:	1919~1945年
主要用户:	美国陆军、英国陆军、土耳其陆军、法国陆军、加拿大陆军

World War Ⅱ Weapons

基本参数	
口径	7.62毫米
全长	1346毫米
枪管长	610毫米
重量	14千克
最大射速	600发/分
有效射程	1400米
弹容量	250发

M2 重机枪

M2重机枪是约翰·勃朗宁在一战后设计的气冷式重机枪。该枪采用枪管短后坐式工作原理，卡铁起落式闭锁结构，冷却方式为气冷式。供弹机构为单程输弹，双程进弹。该枪装有简单的片状准星和立框式表尺，准星和表尺都安置在机匣上。M2重机枪使用的12.7×99毫米大口径弹药有火力强、弹道平稳、极远射程的优点，每分钟485～635发的射速及后坐作用系统令其在全自动发射时十分稳定，命中率也较高，但低射速也令M2重机枪的支援火力降低。

M2重机枪发射普通弹时的最大射程可达7400米，装有M3三脚架时也有1800米的有效射程。该枪的V字蝴蝶形扳机装在机匣尾部，附有两个握把，射手可通过闭锁或开放枪机来调节全自动或半自动发射。M2重机枪用途广泛，为了对应不同配备，它可在短时间内更换为机匣右方供弹，并且无需专用工具。

英文名称：	M2 Heavy Machine Gun
研制国家：	美国
制造厂商：	通用动力公司
重要型号：	M2、M2HB
生产数量：	300万挺
生产时间：	1921年至今
主要用户：	美国陆军

World War II Weapons
★★★

基本参数	
口径	12.7毫米
全长	1654毫米
枪管长	1143毫米
重量	38千克
最大射速	635发/分
有效射程	1800米
弹容量	110发

汤普森冲锋枪

汤普森冲锋枪是美军在二战中最为著名的一种冲锋枪,又被称为汤米冲锋枪,绰号"芝加哥打字机"。与其他9毫米冲锋枪相比,使用11.43×23毫米(.45 ACP)弹药的汤普森冲锋枪威力更大。该枪是最早使用双列供弹的冲锋枪,可靠性较强。此外,汤普森冲锋枪接触雨水、灰尘或泥后的表现也比当时其他大多数冲锋枪更出色。

汤普森冲锋枪的缺点也很明显,其射速很高,有一个相当沉重的扳机,弹药量下降极快,枪管在自动射击时很容易上扬,导致精度较差。相较于现代的9毫米冲锋枪,结构复杂的汤普森冲锋枪可算是相当沉重。另外,虽然弹鼓提供了显著的火力,但在军队服役时被发现其过于笨重,尤其是巡逻时挂在身上。汤普森冲锋枪的弹鼓还相当脆弱,里面的子弹往往一直来回碰撞,产生不必要的噪音。

英文名称:
Thompson Submachine Gun
研制国家:美国
制造厂商:伯明翰小型武器公司
重要型号:
M1921、M1923、M1927、M1928
生产数量:200万挺
生产时间:1921~1945年
主要用户:美国陆军、英国陆军、法国陆军

World War Ⅱ Weapons

基本参数	
口径	11.43毫米
全长	852毫米
枪管长	270毫米
重量	4.9千克
最大射速	1500发/分
有效射程	150米
弹容量	20发、30发、弹鼓50发、弹鼓100发

M3 冲锋枪

M3冲锋枪是美国通用汽车公司在二战时期大量生产的廉价冲锋枪，1942年12月开始服役，取代造价昂贵的汤普森冲锋枪。由于它的外形像是为汽车打润滑油（黄油）的油枪，所以也被称为M3黄油枪。大多数M3冲锋枪使用11.43毫米自动手枪弹，还有少数M3冲锋枪使用9毫米鲁格弹。

M3冲锋枪是全自动、气冷、开放式枪机、由反冲作用操作的冲锋枪。该枪由金属片冲压、点焊与焊接制造，缩短装配工时。只有枪管枪机与发射组件需要精密加工。机匣是由两片冲压后的半圆筒状金属片焊接成一个圆筒。前端是一个有凸边的盖环，用于固定枪管。枪管有4条右旋的膛线，批量生产后又设计了防火帽可加在枪管上。枪身后方有可伸缩的金属杆枪托。枪托金属杆的两头均可当作通条，也可用作分解工具。

英文名称	M3 Submachine Gun
研制国家	美国
制造厂商	通用汽车公司
重要型号	M3、M3A1
生产数量	70万支
生产时间	1943～1945年
主要用户	美国陆军

World War Ⅱ
Weapons

基本参数	
口径	11.43毫米、9毫米
全长	760毫米
枪管长	203毫米
重量	3.7千克
最大射速	450发/分
有效射程	91米
弹容量	30发

M1911 半自动手枪

M1911手枪是约翰·勃朗宁设计的半自动手枪，推出后立即成为美军的制式手枪并一直维持达74年（1911～1985年）。M1911半自动手枪采用了双重保险，大大增强了安全性，不容易出现走火等事故。其保险装置包括手动保险和握把式保险。手动保险在枪身的左侧，在保险状态时，击锤和阻铁都会被锁紧，且套筒不能复进。而握把式保险则需要用掌心保持一定的按压力度才能让手枪进入战斗状态，在松开保险后手枪无法射击，这种设计使得安全性极高。

M1911半自动手枪的结构非常简单，零件数量较少，容易拆解和组装，大大方便了后勤维护和保养。其11.43毫米的大口径也具有很强的停止作用，能够确保在有效射程内被击中的敌人快速失去战斗能力。虽然M1911半自动手枪在总体上非常符合战斗手枪的标准，但是也有弹匣容量低的缺点，弹匣容量为7发，加上枪膛内的1发子弹，一共有8发。此外，该枪的后坐力偏大，影响射击精度，而且重量和体积也稍大了一些。

英文名称：
M1911 Semi-automatic Pistol
研制国家： 美国
制造厂商： 柯尔特公司
重要型号：
M1911、M1911A1、M1911A2
生产数量： 270万支
生产时间： 1911年至今
主要用户： 美国陆军、英国陆军、西班牙陆军、希腊陆军

World War Ⅱ Weapons

基本参数	
口径	11.43毫米
全长	210毫米
枪管长	127毫米
重量	1.16千克
枪口初速	251米/秒
有效射程	50米
弹容量	8发

"巴祖卡"火箭筒

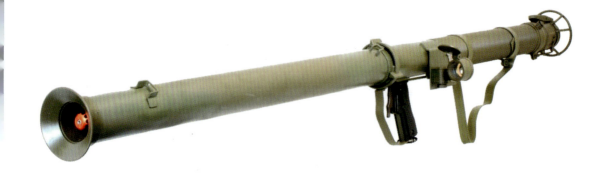

"巴祖卡"火箭筒是美国在二战时期研制的单兵反坦克武器。它是一种单兵肩扛火箭筒，因其管状外形类似于一种名叫"巴祖卡"的喇叭状乐器而得名。这种火箭筒结构简单，坚固可靠，能在非常恶劣环境下的使用。但由于研制仓促，"巴祖卡"火箭筒的外观显得有些粗糙，而且整体比较笨重。

"巴祖卡"火箭筒由发射筒、肩托、护罩、护套、挡弹器、握把、背带、瞄准具以及发射机构和保险装置等组成。"巴祖卡"火箭筒配用破甲火箭弹，由战斗部、机械触发引信、火箭发动机、电点火具、运输保险、后向折叠式尾翼等组成。战斗部由风帽、弹体、药型罩、空心装药、起爆药柱等组成。风帽、弹体用薄钢板制成，装有梯恩梯和黑索金混合炸药288克。发动机燃烧室、喷管用钢材制成，装药结构为5根单孔双基药柱，电点火具位于中间，部分主动段裸露于筒外。

英文名称：
Bazooka Rocket Launcher
研制国家： 美国
制造厂商： 通用电气公司
重要型号：
M1、M1A1、M9、M9A1、M18
生产数量： 11350具
生产时间： 1942～1955年
主要用户： 美国陆军、英国陆军、土耳其陆军、西班牙陆军、法国陆军

基本参数	
口径	60毫米
全长	1524毫米
重量	5.05千克
发射初速	91米/秒
有效射程	270米
操作人数	2人

Mk2 手榴弹

　　Mk2手榴弹是美军在二战中使用的破片手榴弹，由于外形酷似菠萝，又被称作"菠萝"手榴弹。Mk2手榴弹是仿照英国"米尔斯"手榴弹而设计，引信结构一样，但弹体形状和主装药有所不同，采用椭圆形铸铁弹体，外侧刻有宽而深的纵横交错的沟槽，弹体有小平底。

　　Mk2系列是防御手榴弹，有效杀伤半径是15米，但弹片可杀伤至45米，士兵在投弹后需卧倒或找掩体隐蔽直至手榴弹爆炸。Mk2A1手榴弹将引信摘除后，装上M9或M9A1式反坦克枪榴弹的尾管，可做枪榴弹使用，通过M7/M7A1（配M1加兰德步枪）或M8（配M1卡宾枪）枪榴弹发射器用空包弹发射，射程约150米。除普通弹外，Mk2系列还有强装药弹、发烟弹、训练弹等弹种，外形和普通弹一样，靠不同的涂装区别。

英文名称：	Mk 2 Grenade
研制国家：	美国
制造厂商：	斯普林菲尔德兵工厂
重要型号：	Mk 2、Mk 2A1
生产时间：	1917～1967年
主要用户：	美国陆军

World War II Weapons

基本参数	
长度	114毫米
弹径	57毫米
重量	595克
装药量	57克
装药类型	梯恩梯
杀伤半径	15米

第 3 章

苏联二战武器

二战中,苏联历经四年激烈的战争才赢得了卫国战争,为整个反法西斯战争的胜利做出了巨大贡献。在战争中,苏联投入了大量的人力物力,生产了大量的武器装备,在坦克和战机方面尤为突出。

T-26 轻型坦克

T-26轻型坦克是苏联坦克部队早期的主力装备，广泛使用于20世纪30年代的多次冲突及二战之中。

T-26轻型坦克和德国一号坦克都是以英国维克斯六吨坦克为基础设计的，两者底盘外形相似，但T-26轻型坦克的火力远超一号坦克和二号坦克，甚至超过了早期三号坦克的水平。早期T-26轻型坦克的主炮为37毫米口径，后期口径加大为45毫米。不过，T-26轻型坦克的火控能力不太好，精确射击能力不足。

T-26轻型坦克的装甲防护差，没有足够能力抵抗步兵的火力，以至于苏联巴甫洛夫大将得出"坦克不能单独行动，只能进行支援步兵作战"的错误结论。另外，T-26轻型坦克取消了指挥塔，使得车长的观察能力大打折扣，而且车长还要担任炮长，作战的时候几乎无暇进行四周的观察，因此很容易被侧后的火力袭击。

英文名称：	T-26 Light Tank
研制国家：	苏联
制造厂商：	基洛夫工厂
重要型号：	T-26、T-26TU/K/V
生产数量：	11000辆
生产时间：	1931～1941年
主要用户：	苏联陆军、西班牙陆军、芬兰陆军、土耳其陆军

World War II Weapons

基本参数	
长度	4.65米
宽度	2.44米
高度	2.24米
重量	9.6吨
最大速度	31千米/小时
最大行程	240千米

BT-7 轻型坦克

BT-7轻型坦克是苏联BT系列快速坦克的最后一种型号，1935年开始批量生产。

与BT系列坦克的早期型号相比，BT-7轻型坦克加强了防护力，采用新设计的炮塔和新型发动机，整体性能明显增强。苏联将BT-7轻型坦克的设计经验成功运用到更新型的T-34中型坦克上，从后者身上明显可以看到BT-7轻型坦克的影子。

BT-7轻型坦克的车体装甲使用焊接装甲，并加大了装甲板倾斜角度，以增强防护力。该坦克的动力装置为M17-TV-12汽油发动机，功率331千瓦。该坦克还采用新设计的炮塔，安装1门45毫米火炮，备弹188发；辅助武器为2挺7.62毫米DT机枪，备弹2394发。为使主炮和机枪能在夜间射击，BT-7轻型坦克安装了两盏车头射灯。该坦克有3名车组成员，分别是车长（也担任炮手）、装弹员和驾驶员。

英文名称：	BT-7 Light Tank
研制国家：	苏联
制造厂商：	哈尔科夫工厂
重要型号：	BT-7-1/2、BT-7A/M
生产数量：	5300辆
生产时间：	1935～1940年
主要用户：	苏联陆军

World War II Weapons

基本参数	
长度	5.66米
宽度	2.29米
高度	2.42米
重量	13.9吨
最大速度	72千米/小时
最大行程	430千米

T-50 轻型坦克

T-50 轻型坦克是苏联在二战爆发初期研制的轻型步兵坦克，有着当时算是先进的设计，包括扭力杆式悬吊系统、柴油发动机、倾斜式装甲和全焊接制造的车身等。该坦克还拥有三人炮塔和车长指挥塔，其战斗效率远高于单人炮塔和双人炮塔。另外，所有 T-50 轻型坦克都拥有无线电。该坦克装有1门45毫米火炮，辅助武器为1挺7.62毫米机枪。

T-50 轻型坦克也有一些缺陷，如同大部分的苏联坦克，其内部非常狭窄。该坦克使用的是专用的 V-4 发动机，而不像其他苏联轻型坦克可使用标准的卡车发动机。为了 T-50 轻型坦克而特别生产专用的发动机，使得其生产成本变得相当昂贵，而且不符合经济效益。另外，V-4 发动机本身也不可靠，其设计上的缺陷一直无法解决。发动机的可靠性低与高昂的生产成本导致 T-50 轻型坦克的生产时间极为短暂。

英文名称：	T-50 Light Tank
研制国家：	苏联
制造厂商：	第174号工厂
重要型号：	T-50
生产数量：	69辆
生产时间：	1941－1942年
主要用户：	苏联陆军

World War II Weapons

基本参数	
长度	5.2米
宽度	2.47米
高度	2.16米
重量	14吨
最大速度	60千米/小时
最大行程	220千米

T-60 轻型坦克

T-60轻型坦克是苏联在二战初期研制的轻型坦克，用于取代老旧的T-38两栖侦察坦克。

T-60轻型坦克采用焊接车体，外形低矮，前部装甲厚15～20毫米，后来增加到20～35毫米。侧装甲厚15毫米，后来增加到25毫米。后部装甲厚13毫米，后来增加到25毫米。为了增加T-60轻型坦克在沼泽和雪地的机动性，苏联设计师专门设计了与标准履带通用的特殊可移动加宽履带。与同时期其他苏联坦克相比，T-60轻型坦克在雪地、沼泽以及烂泥和水草地的机动性较好。

T-60轻型坦克装有1门20毫米TNSh-20坦克炮，使用的炮弹包括破片燃烧弹，钨芯穿甲弹等，备弹750发。后期开始使用穿甲燃烧弹，可在500米距离上以60度角击穿35毫米厚的装甲，可以有效对抗早期的德国坦克以及各种装甲车辆。T-60轻型坦克还装备了1挺7.62毫米DT机枪，这种机枪和TNSh-20主炮都可以拆卸下来单独作战。

英文名称	T-60 Light Tank
研制国家	苏联
制造厂商	基洛夫工厂
重要型号	T-60
生产数量	6292辆
生产时间	1941～1942年
主要用户	苏联陆军

World War II Weapons

基本参数	
长度	4.1米
宽度	2.3米
高度	1.75米
重量	5.8吨
最大速度	44千米/小时
最大行程	450千米

T-24 中型坦克

  T-24 中型坦克是苏联于1931年生产的中型坦克，也是哈尔科夫工厂生产的第一种坦克。该坦克被认为是不可靠的，只被用于训练和检阅。不过，T-24中型坦克让哈尔科夫工厂获得了设计和生产坦克的最初经验，而这些经验在日后工厂受命生产BT系列快速坦克时，得到了极为成功的应用。

  T-24中型坦克的装甲在当时尚属优良，其悬挂系统也早已成功应用在苏联第一种专用火炮牵引车上。不过，该坦克的发动机和传动系统存在诸多问题。T-24中型坦克的主要武器是1门45毫米火炮，辅助武器为3挺7.62毫米DP轻机枪，分别安装在车体内、主炮塔内以及主炮塔上方的副炮塔内。

英文名称	T-24 Medium Tank
研制国家	苏联
制造厂商	哈尔科夫工厂
重要型号	T-24
生产数量	25辆
生产时间	1931年
主要用户	苏联陆军

World War II
Weapons

基本参数	
长度	6.5米
宽度	3米
高度	2.81米
重量	18.5吨
最大速度	25千米/小时
最大行程	140千米

T-28 中型坦克

T-28中型坦克是苏联在战间期研制的中型坦克，1931年完成设计，1932年下半年开始生产。

T-28中型坦克最大的特点是有3个炮塔（含机枪塔）。中央炮塔为主炮塔，装1门KT-28短身管76毫米火炮，主炮塔的右侧有1挺7.62毫米机枪，主炮塔的后部装1挺7.62毫米机枪，这两挺机枪能独立操纵射击。主炮塔的前下方有2个圆柱形的小机枪塔，各装1挺7.62毫米机枪。1936年以后生产的T-28中型坦克，还在炮塔顶部左后方额外安装了1挺7.62毫米机枪，用于对空射击。

T-28中型坦克主要用于支援步兵以突破敌军防线，它也被设计为用来配合T-35重型坦克进行作战，两车也有许多零件通用。T-28中型坦克的动力装置为M-17L水冷式汽油发动机，最大功率达373千瓦。该坦克的活塞弹簧悬吊系统、发动机和变速箱都存在不少问题，最糟糕的是设计缺乏弹性，不利于后期改进升级。此外，T-28中型坦克的装甲也较薄。

英文名称：	T-28 Medium Tank
研制国家：	苏联
制造厂商：	基洛夫工厂
重要型号：	T-28A/B/E/M
生产数量：	503辆
生产时间：	1932～1941年
主要用户：	苏联陆军

World War II Weapons

基本参数	
长度	7.44米
宽度	2.87米
高度	2.82米
重量	28吨
最大速度	37千米/小时
最大行程	220千米

T-34 中型坦克

T-34中型坦克是二战时期苏联最著名的坦克，其设计思路对后世的坦克发展有着深远及革命性的影响。

T-34中型坦克最初配备1门76.2毫米L-11坦克炮，1941年时改为76.2毫米F-34坦克炮，具有更长的炮管以及更高的初速，备弹77发。T-34/85又改为85毫米ZiS-S-53坦克炮，备弹56发。辅助武器方面，T-34中型坦克装有两挺7.62毫米DP/DT机枪，一挺作为主炮旁的同轴机枪，另一挺则置于驾驶座的右方。

T-34中型坦克的车身装甲厚度为45毫米，正面装甲有32度的斜角，侧面装甲有49度的斜角。炮塔是铸造而成的六角形，正面装甲厚60毫米，侧面装甲厚45毫米，车身的斜角一直延伸到炮塔。该坦克45毫米厚、32度斜角的正面装甲，防护能力相当于90毫米，而49度斜角的侧面装甲也相当于54毫米。T-34中型坦克的越野能力较强，可通过高0.75米的障碍物或者宽2.49米的壕沟，爬坡度达30度。

英文名称：	T-34 Medium Tank
研制国家：	苏联
制造厂商：	柯明顿工厂
重要型号：	T-34/76、T-34/57、T-34/85
生产数量：	84070辆
生产时间：	1940～1958年
主要用户：	苏联陆军、捷克斯洛伐克陆军、埃及陆军、希腊陆军

World War II Weapons
★ ★ ☆

基本参数	
长度	6.75米
宽度	3米
高度	2.45米
重量	30.9吨
最大速度	55千米/小时
最大行程	468千米

▲ T-34中型坦克侧面视角

▼ T-34/85中型坦克

T-44 中型坦克

T-44中型坦克是二战时期苏联在T-34/85中型坦克基础上改进而来的，主要改进了扭杆悬挂、横置发动机和传动装置。该坦克有4名乘员，取消了原本T-34/85中型坦克的机电员，航向机枪固定在车体上，由驾驶员控制发射。炮塔是T-34/85中型坦克炮塔的改进型，但是炮塔底部没有突出的颈环。T-44中型坦克的主要武器是1门85毫米ZiS-S-53坦克炮，辅助武器是2挺7.62毫米DTM机枪。

从总体布置上来看，T-44中型坦克兼有T-34中型坦克和T-54/55主战坦克的特点，其外形低矮、内部布置十分紧凑，动力-传动装置后置，拥有大倾角的车体首上甲板和"克里斯蒂"式大直径负重轮等，而发动机的横向布置、扭杆弹簧悬挂装置和车体侧面的垂直装甲板，使它更像T-54/55主战坦克。

英文名称	T-44 Medium Tank
研制国家	苏联
制造厂商	哈尔科夫工厂
重要型号	T-44、T-44A、T-44-100
生产数量	1823辆
生产时间	1944~1947年
主要用户	苏联陆军

World War Ⅱ Weapons

基本参数	
长度	6.07米
宽度	3.25米
高度	2.46米
重量	32吨
最大速度	53千米/小时
最大行程	350千米

T-35 重型坦克

T-35重型坦克是苏联在战间期研制的重型坦克，是世界上唯一量产的五炮塔重型坦克，也是当时世界上最大的坦克。

该坦克有5个独立的炮塔（含机枪塔），分两层排列。主炮塔是最顶层的中央炮塔，装1门76毫米榴弹炮，携弹90发，另有1挺7.62毫米机枪。下面一层共有4个炮塔和机枪塔，其中两个小炮塔位于主炮塔的右前方和左后方，两个机枪塔位于左前方和右后方。两个小炮塔上各装1门45毫米坦克炮和1挺7.62毫米机枪，两个机枪塔上各装1挺7.62毫米机枪。

虽然T-35重型坦克的武器较多，但无法有效发挥。其装甲防护（最厚处也只有30毫米）和机动性也差强人意，既无法摧毁敌军的新型坦克，又承受不住反坦克武器的攻击。另外，该坦克的体积较大，在战场上很容易遭到敌军的攻击；而车体内部又极为狭窄，且隔间较多。

英文名称：	T-35 Heavy Tank
研制国家：	苏联
制造厂商：	哈尔科夫工厂
重要型号：	T-35、T-35A/B
生产数量：	61辆
生产时间：	1933～1938年
主要用户：	苏联陆军

World War II Weapons

基本参数	
长度	9.72米
宽度	3.2米
高度	3.43米
重量	45吨
最大速度	30千米/小时
最大行程	150千米

KV-1 重型坦克

  KV-1重型坦克是苏联KV系列重型坦克的第一种型号，以装甲厚重而闻名，是苏军在二战初期的重要装备。苏德战争之初，德军使用的反坦克炮、坦克炮都无法击毁KV-1重型坦克90毫米厚的炮塔前部装甲（后期厚度还提升至120毫米），对德军震慑力较强。

  KV-1重型坦克使用V-2柴油发动机，最大速度达35千米/小时。由于装甲的强化，重量成为KV-1重型坦克的主要缺点，虽然不断更换离合器、新型的炮塔、较长的炮管，并将部分焊接装甲改成铸造式，它的可靠性还是不如T-34中型坦克。KV-1重型坦克的早期型号装备76.2毫米L-11坦克炮，车身前面原本没有架设机枪，仅有手枪口，但在生产型上加装了3挺DT重机枪。后期型号的主炮改为76毫米F-32坦克炮，炮塔更换为新型炮塔，炮塔前部还设计了使来袭敌弹产生跳弹的外形。

英文名称	KV-1 Heavy Tank
研制国家	苏联
制造厂商	基洛夫工厂
重要型号	KV-1M1939、KV-1M1942
生产数量	5219辆
生产时间	1939～1943年
主要用户	苏联陆军

World War II Weapons

基本参数	
长度	6.75米
宽度	3.32米
高度	2.71米
重量	45吨
最大速度	35千米/小时
最大行程	335千米

KV-2 重型坦克

KV-2重型坦克是苏联KV系列重型坦克的第二种型号,被德军称为"巨人"。当时除了88毫米高射炮,几乎没有任何武器能成功摧毁这种"巨兽"。

KV-2重型坦克的试验车采用平面装甲板和七角形炮塔,之后为了大量生产而改为六角形炮塔。该坦克的装甲较厚,其炮塔前装甲厚110毫米,侧面厚75毫米。与KV-1重型坦克相比,KV-2重型坦克的重量急剧增加,而动力装置仍然采用未经改进的373千瓦V-2柴油机,这些因素造成了KV-2重型坦克在作战时机动性的严重缺陷。

KV-2重型坦克的主要武器为1门152毫米M-10榴弹炮,备弹36发。辅助武器为2挺DT重机枪,备弹3087发。该坦克有6名乘员,即坦克指挥员、火炮指挥员、第二火炮指挥员(装填手)、炮手、驾驶员、无线电手。由于需要装填手装填分离式弹药,造成火炮射击速度较慢。

英文名称	KV-2 Heavy Tank
研制国家	苏联
制造厂商	基洛夫工厂
重要型号	KV-2
生产数量	334辆
生产时间	1940～1941年
主要用户	苏联陆军

World War II
Weapons

基本参数	
长度	6.95米
宽度	3.32米
高度	3.25米
重量	52吨
最大速度	28千米/小时
最大行程	140千米

KV-85 重型坦克

KV-85重型坦克是苏联KV系列重型坦克的第三种型号，安装了85毫米D-5T坦克炮，在一定程度上缓解了KV-1重型坦克无法对抗德军"虎"式坦克和"豹"式坦克的窘迫局面。85毫米D-5T坦克炮的威力较大，配有70发弹药。有少数KV-85重型坦克改装了122毫米D-2-5T火炮，虽然威力巨大，但产量寥寥无几。辅助武器方面，KV-85重型坦克安装了3挺7.62毫米DT重机枪。

KV-85重型坦克沿用KV-1S重型坦克的底盘，配备了专为85毫米D-5T坦克炮研发的新型铸造炮塔。该炮塔前装甲厚达100毫米，而且容积较大，拥有车长指挥塔，利于提高作战效率。KV-85重型坦克的动力装置为V-2柴油发动机，燃油量为975升。KV-85重型坦克作为IS系列重型坦克投产前的过渡产品，在技术积累上做出了较大贡献。

英文名称	KV-85 Heavy Tank
研制国家	苏联
制造厂商	基洛夫工厂
重要型号	KV-85、KV-85G
生产数量	130辆
生产时间	1943年
主要用户	苏联陆军

World War Ⅱ Weapons

基本参数	
长度	8.49米
宽度	3.25米
高度	2.8米
重量	46吨
最大速度	40千米/小时
最大行程	250千米

▲ 保存至今的KV-85重型坦克

▼ KV-85重型坦克侧面视角

IS-2 重型坦克

IS-2重型坦克是苏联IS系列重型坦克中最著名的型号,它与T-34/85中型坦克一起构成了二战后期苏联坦克的中坚力量。

IS-2重型坦克的炮塔和车体分别采用整体铸造和轧钢焊接结构,车内由前至后分为驾驶部分、战斗部分和动力-传动部分。该坦克的车体前上装甲板厚120毫米,侧面装甲板厚89~90毫米,后部装甲厚22~64毫米,底部装甲板厚19毫米,顶部装甲板厚25毫米。

IS-2重型坦克的主要武器为1门122毫米D-25T坦克炮,装有双气室炮口制退器。火炮方向射界为360度,高低射界为-3度~+20度。该坦克的辅助武器为4挺机枪,包括1挺7.62毫米同轴机枪、1挺安装在车首的7.62毫米航向机枪、1挺安装在炮塔后部的7.62毫米机枪和1挺安装在车长指挥塔上的12.7毫米机枪。

英文名称	IS-2 Heavy Tank
研制国家	苏联
制造厂商	基洛夫工厂
重要型号	IS-2、IS-2M
生产数量	3854辆
生产时间	1943~1945年
主要用户	苏联陆军

World War Ⅱ
Weapons

基本参数	
长度	9.9米
宽度	3.09米
高度	2.73米
重量	45.8吨
最大速度	37千米/小时
最大行程	240千米

▲ IS-2重型坦克侧后方视角

▼ IS-2重型坦克正面视角

IS-3 重型坦克

IS-3重型坦克是在IS-2重型坦克基础上发展而来，主要用于对付德国"虎王"重型坦克。

IS-3重型坦克有4名乘员，分别为车长、炮长、装填手和驾驶员。车体从前到后依次为驾驶室、战斗室和动力室。该坦克的防护力极强，尤其是侧后防护，由外层的30毫米厚、30度外倾装甲，内侧上段90毫米厚、60度内倾装甲以及下段90毫米厚垂直装甲组成。

IS-3重型坦克的主要武器与IS-2重型坦克完全一样，同样是1门122毫米D-25T坦克炮。辅助武器为1挺安装在装填手舱门处环行枪架上的12.7毫米高射机枪（备弹250发）、1挺7.62毫米同轴机枪（备弹756发）以及1挺安装在炮塔左后部的7.62毫米机枪（备弹850发）。IS-3重型坦克的缺点在于焊缝开裂、发动机和传送系统不可靠、防弹外形导致内部空间非常狭窄等。

英文名称	IS-3 Heavy Tank
研制国家	苏联
制造厂商	基洛夫工厂
重要型号	IS-3、IS-3M
生产数量	2300辆
生产时间	1945～1946年
主要用户	苏联陆军、波兰陆军

World War Ⅱ Weapons

基本参数	
长度	9.85米
宽度	3.15米
高度	2.45米
重量	46.5吨
最大速度	37千米/小时
最大行程	150千米

▲ 保存至今的IS-3重型坦克

▼ IS-3重型坦克正面视角

BA-64 轻型装甲车

BA-64装甲车是二战时期苏联第一种采用四轮驱动的装甲车，主要作为轻型侦察车使用。

BA-64装甲车驾驶员位于车辆前部，车长位于驾驶员之后。该车能爬30度的斜坡，涉水0.9米，能在沙石路面上行驶，在冬季行驶时还可以装上滑雪橇。与苏联此前的装甲车相比，BA-64装甲车的发动机有所改进，在极端情况下即使使用低标号的燃料仍旧可以发动。

尽管BA-64装甲车的装甲非常薄弱，但它在侦察及执行支援步兵的任务时还是表现非常出色。基于车上DT机枪的高仰角优势，在车辆高速度和优良的操纵性的配合下，BA-64装甲车可以在巷战中有效地打击躲藏在高大建筑物中的敌方步兵。此外，BA-64装甲车还可以攻击敌人的飞机。虽然BA-64装甲车的火力并不能有效地摧毁空中目标，但是它的出现可以大大制约敌机的飞行自由，从而有助于减少友军在轰炸中的损失。

英文名称：	BA-64 Light Armored Car
研制国家：	苏联
制造厂商：	嘎斯汽车集团
重要型号：	BA-64、BA-64B、BA-64D
生产数量：	9110辆
生产时间：	1942～1946年
主要用户：	苏联陆军、捷克斯洛伐克陆军、波兰陆军

World War Ⅱ Weapons ★★☆

基本参数	
长度	3.66米
宽度	1.69米
高度	1.9米
重量	2.36吨
最大速度	80千米/小时
最大行程	600千米

BA-3 重型装甲车

BA-3装甲车是苏联在战间期研制的轮式装甲车，由老式的BA-I装甲车改进而来，最主要的革新是炮塔和武器装备。BA-3装甲车安装了来自T-26轻型坦克的炮塔，炮塔装甲被减至8毫米，安装有1门20K型1932/38型45毫米炮（备弹60发）和1挺DT机枪。部分弹药放置在炮塔，其余的则被放置在车体内部。

1943年6月，BA-3装甲车在莫斯科附近的实验场中进行了测试，在测试期间5.82吨的汽车在铺设的道路上达到了70千米/小时的速度，不过在干燥泥土路面上的速度没有超过35千米/小时。在行驶过程中发动机过热，因此被建议对冷却系统进行相关改进。车辆的前部悬挂也进行了加强。除此之外，车辆在测试中没有其他问题被发现，仅仅建议对内部仪器设备的布局做了一些小的改进。

英文名称：	BA-3 Heavy Armored Car
研制国家：	苏联
制造厂商：	嘎斯汽车集团
重要型号：	BA-3
生产数量：	180辆
生产时间：	1934~1936年
主要用户：	苏联陆军

World War II Weapons

基本参数	
长度	4.65米
宽度	2.1米
高度	2.2米
重量	5.82吨
最大速度	70千米/小时
最大行程	260千米

SU-85 坦克歼击车

  SU-85坦克歼击车是苏联在二战中研制的履带式坦克歼击车，采用著名的T-34中型坦克的底盘。早期的苏联自行火炮不是用来作为突击炮（如SU-122自行火炮），就是当作具有机动力的反坦克武器，而SU-85坦克歼击车就属于后者。SU-85坦克歼击车的发动机、传动装置以及大量其他部件都与T-34中型坦克通用，便于苏军装甲兵迅速掌握新车使用方法。最初的SU-85坦克歼击车装有供车长使用的装甲舱盖，后来改为一个标准的车长指挥塔。后期的型号还改进了观测装置，乘员可以全方位观测。

  SU-85坦克歼击车的主要武器是1门85毫米D-5T火炮，携带48发炮弹。此外，车内还有1500发乘员使用的冲锋枪子弹、24枚F-1型手榴弹以及5枚反坦克手榴弹。1943年9月，苏军在强渡第聂伯河战役中首次使用了SU-85坦克歼击车，良好的性能使其备受欢迎。

英文名称：	SU-85 Tank Destroyer
研制国家：	苏联
制造厂商：	乌拉尔车辆厂
重要型号：	SU-85、SU-85M
生产数量：	2050辆
生产时间：	1943~1944年
主要用户：	苏联陆军

World War Ⅱ Weapons

基本参数	
长度	8.15米
宽度	3米
高度	2.45米
重量	29.6吨
最大速度	55千米/小时
最大行程	400千米

SU-100 坦克歼击车

SU-100坦克歼击车是苏联在二战后期研制的履带式坦克歼击车。其车体取自SU-85坦克歼击车，前装甲厚度从45毫米增加到75毫米。新的车长指挥塔安装在车顶，还装有MK-IV观测仪，另外还安装了一对通风器，便于排出车内浑浊气体。SU-100坦克歼击车具有一个经典的设计，车体前部有一个装有100毫米D-10S火炮的战斗隔室，发动机和传动系统则在后部有一个专门的隔室。传动室内有两个油箱和一对空气过滤器。坦克控制、火力、弹药、无线电以及前部油箱都被安置在战斗室内，驾驶装置完全沿用T-34中型坦克。

SU-100坦克歼击车的火力强大，机动性能良好，火炮射速为每分钟5～6发，它可以在很远的距离上击穿德军坦克的前装甲。它的穿甲弹可以在2000米的距离上垂直击穿125毫米的装甲，1000米的距离上它几乎可以将所有型号的德军坦克和装甲车辆摧毁。

英文名称：	SU-100 Tank Destroyer
研制国家：	苏联
制造厂商：	乌拉尔车辆厂
重要型号：	SU-100、SU-100M
生产数量：	2335辆
生产时间：	1944～1945年
主要用户：	苏联陆军

World War Ⅱ Weapons

基本参数	
长度	9.45米
宽度	3米
高度	2.25米
重量	31.6吨
最大速度	48千米/小时
最大行程	320千米

SU-76 自行火炮

　　SU-76自行火炮是苏联在二战时期研制的履带式自行火炮。其使用T-70轻型坦克改装的底盘，加长了车体和履带，每侧负重轮由5个改为6个，其火炮口径由早期的45毫米增大至76.2毫米，用固定炮塔取代了旋转炮塔。SU-76自行火炮的车体分为三个部分，前方为驾驶舱，驾驶员坐在车身左方，其右方为变速器。驾驶舱后方为发动机舱，装有两台GAZ-203汽油发动机。发动机舱后为战斗舱，安装1门76.2毫米ZiS-3加农炮。

　　SU-76自行火炮的优点是轮廓低，机动性强，能够在沼泽及森林等不良地形中行驶，与步兵协同作战时，可以直接用火力摧毁敌军碉堡或其他加固的建筑物。战争后期，SU-76自行火炮也被大量使用在巷战中，但是它开放的上部结构导致防护能力较弱，往往一个手榴弹就可以杀死所有的乘员。

英文名称：	SU-76 Self-propelled Gun
研制国家：	苏联
制造厂商：	嘎斯汽车集团
重要型号：	SU-76、SU-76M、SU-76B
生产数量：	14292辆
生产时间：	1942～1945年
主要用户：	苏联陆军、波兰陆军、古巴陆军

World War Ⅱ Weapons

基本参数	
长度	4.88米
宽度	2.73米
高度	2.17米
重量	10.6吨
最大速度	45千米/小时
最大行程	320千米

ISU-122 自行火炮

ISU-122自行火炮是苏联在ISU-152自行榴弹炮基础上换装主炮改进而成的自行突击炮，具有出色的作战能力。1943年12月，第一辆ISU-122自行火炮交付部队使用。1944年，苏军还为ISU-122自行火炮换装上了火力更强的122毫米D-25S火炮，同时，还换装了新的炮盾，并扩大了乘员舱。苏军将安装D-25S火炮的型号称为ISU-122-2。

相比起ISU-152重型突击炮来说，ISU-122自行火炮的反坦克能力要好得多，这使它成为苏军中一款很受欢迎的武器。ISU-152重型突击炮安装的152毫米ML-20火炮因为炮弹太重，造成了炮口初速度低，使得其反坦克能力相比ISU-122自行火炮所安装的122毫米长身管型火炮起较为平庸。ML-20火炮可以在1000米的距离上击穿120毫米的装甲，而122毫米长身管型火炮则可以在同样的距离上击穿160毫米的装甲。

英文名称：	
ISU-122 Self-propelled Gun	
研制国家：	苏联
制造厂商：	车里雅宾斯克制造厂
重要型号：	ISU-122、ISU-122S
生产数量：	7205辆
生产时间：	1943～1952年
主要用户：	苏联陆军、波兰陆军

World War II Weapons

基本参数	
长度	9.85米
宽度	3.07米
高度	2.48米
重量	45.5吨
最大速度	37千米/小时
最大行程	220千米

经典二战武器鉴赏指南

SU-122 自行榴弹炮

SU-122自行榴弹炮是苏联在二战时期研制的履带式自行火炮，作为突击炮被用于提供火力支援，尤其是为步兵部队。此外，SU-122自行榴弹炮也曾用于反坦克作战。

SU-122自行榴弹炮采用T-34中型坦克的底盘，主要武器为1门122毫米榴弹炮。强大的122毫米榴弹炮在攻击堡垒、步兵阵地和轻装甲目标时有良好效果。该炮采用1943年装备部队的BP-460A高爆反坦克弹时，理论上可以击穿200毫米装甲。122毫米榴弹炮能有效打击德军装甲车辆，即使是装甲厚重的"虎"式重型坦克。

SU-122自行榴弹炮的不足之处在于122毫米榴弹的装填时间较长，且装甲并不算太厚，前线部队损失较大；全车只有一个可供乘员进出的舱门，给乘员逃生带来不便。针对SU-122自行榴弹炮实际应用中遇到的问题，后来苏联又设计制造了SU-85坦克歼击车。

英文名称：	
SU-122 Self-propelled Howitzer	
研制国家：	苏联
制造厂商：	乌拉尔车辆厂
重要型号：	SU-122、SU-122M
生产数量：	1150辆
生产时间：	1942～1944年
主要用户：	苏联陆军

World War II Weapons

基本参数	
长度	6.95米
宽度	3米
高度	2.32米
重量	30.9吨
最大速度	55千米/小时
最大行程	300千米

SU-152 自行榴弹炮

SU-152自行榴弹炮主要用于提供直接火力支援或远程炮兵支援。它采用与其他苏联自行火炮（如SU-122、SU-85）相似的设计，乘员作战舱被装甲板包覆，前装甲倾斜以增强防护。驾驶员坐在车身左方，其前方的装甲上开有窥视孔，但由于炮盾太大而影响视野。全车有3个可供乘员进出的舱门，位于车顶。

SU-152自行榴弹炮配备的152毫米ML-20榴弹炮在攻击堡垒、步兵阵地和装甲目标时有良好效果。虽然原本并非用作反坦克作战，但后期也活跃于反坦克作战中，通常采取埋伏战术，以免遭受德军精准炮火射击。152毫米ML-20榴弹炮可发射穿甲弹、高爆弹及高爆反坦克弹。除了直接贯穿敌方坦克装甲外，大威力的高爆弹可以震伤敌方装甲兵，并使坦克内部零件损坏。

英文名称:	
SU-152 Self-propelled Howitzer	
研制国家：	苏联
制造厂商：	车里雅宾斯克制造厂
重要型号：	SU-152
生产数量：	670辆
生产时间：	1943年
主要用户：	苏联陆军

World War II Weapons

基本参数	
长度	8.95米
宽度	3.25米
高度	2.45米
重量	45.5吨
最大速度	43千米/小时
最大行程	330千米

ISU-152 重型突击炮

ISU-152重型突击炮是苏联在IS系列重型坦克基础上改进而来的重型突击炮，1943年开始批量生产。

它由5名乘员操作，但减少1名装填手后，也能正常工作。相比SU-152自行榴弹炮来说，ISU-152重型突击炮的悬挂装置更低，前装甲更厚，并且加装了一个重型双片炮盾。虽然其主炮射速较低，但是却可以在任意距离上摧毁德军的"虎"式重型坦克。

苏军通常会将ISU-152重型突击炮分配给独立自行火炮团使用，其任务是攻击德军的重火力点和装甲车辆为第一梯队提供火力支援。另外，ISU-152重型突击炮还能为步兵提供火力支援和反坦克支援。1943年底，ISU-152重型突击炮已完全取代先前的SU-152自行榴弹炮。因为在作战中的出色表现，很快就获得了"'虎'式杀手"的称号。苏军还曾经以ISU-152重型突击炮为蓝本，制造了多种衍生型车辆。

英文名称：
ISU-152 Heavy Assault Gun
研制国家： 苏联
制造厂商： 车里雅宾斯克制造厂
重要型号：
ISU-152、ISU-152-2、ISU-152K
生产数量： 4635辆
生产时间： 1943～1959年
主要用户： 苏联陆军、芬兰陆军、波兰陆军、埃及陆军

World War II Weapons ★★★

基本参数	
长度	9.18米
宽度	3.07米
高度	2.48米
重量	47.3吨
最大速度	37千米/小时
最大行程	220千米

ZiS-30 自行反坦克炮

ZiS-30自行反坦克炮是一种由"共青团员"卡车发展而来的轻型自行反坦克炮,1941年开始批量生产。

ZiS-2反坦克炮安装了1门57毫米ZiS-2反坦克炮,配有一块不大的火炮防盾。为了获得更好的稳定性,ZiS-30自行反坦克炮还安装了两个可以伸缩的助锄。该炮是强力而有效的反坦克炮,测试中可在500米的距离击穿约90～140毫米的垂直装甲,具体穿甲厚度视弹药种类而定。服役时,ZiS-30自行反坦克炮可以应付德军任何一款坦克及其他车辆。

ZiS-30自行反坦克炮的装甲非常薄弱,难以在前线的炮火中生存。绝大部分的ZiS-30自行反坦克炮都被毁灭,极少在战争中幸存下来。该炮在1941～1942年莫斯科战役期间,主要装备苏联坦克旅的反坦克营,应付大量德军装甲部队的入侵。

英文名称:	
ZiS-30 Self-propelled Anti-tank Gun	
研制国家:	苏联
制造厂商:	下诺夫哥罗德机械制造厂
重要型号:	ZiS-30
生产数量:	500辆
生产时间:	1941～1942年
主要用户:	苏联陆军

World War II
Weapons

基本参数	
长度	3.45米
宽度	1.86米
高度	2.44米
重量	4.5吨
最大速度	40千米/小时
最大行程	380千米

经典二战武器鉴赏指南

ZSU-37 自行防空炮

ZSU-37自行防空炮是苏联在二战后期研制的自行防空炮，战争期间的生产数量较少，因此也没有突出的战果。它是以SU-76M自行火炮的车体为基础改装而来，仅仅是将M1939式37毫米高射炮简单地安装在车体上。ZSU是Zenitnaya Samokhodnaya Ustanovka的缩写，意为自行防空炮。

相对于苏军装备的数万辆坦克，ZSU-37自行防空炮无论是装备数量还是战斗性能，都不能令人满意。该炮使用两台嘎斯202汽油发动机，最高越野速度只有30千米/小时，在铺装路面上的最大速度也只有45千米/小时。ZSU-37自行防空炮配备了带有体视测距功能的一体化光学瞄准镜，能够自动测距并实现半自动装填，理论射速120～130发/分，实际战斗射速只有50～60发/分，最大射高为6500米。

英文名称：	ZSU-37 Self-propelled Anti-aircraft Gun
研制国家：	苏联
制造厂商：	嘎斯汽车集团
重要型号：	ZSU-37
生产数量：	410辆
生产时间：	1944～1948年
主要用户：	苏联陆军

World War II Weapons

基本参数	
长度	5.25米
宽度	2.75米
高度	2.18米
重量	11.5吨
最大速度	45千米/小时
最大行程	360千米

BM-13 自行火箭炮

BM-13火箭炮是苏联在二战初期研制的自行火箭炮，被苏军昵称为"喀秋莎"。它是一种多轨道的自行火箭炮，由汽车部分和发射部分组成。发射部分由滑轨床、炮架、回转盘、底架、瞄准装置、发射装置等组成。BM-13火箭炮的滑轨床共有8条发射滑轨，每条滑轨上下各悬挂一枚火箭弹，可发射口径为132毫米的火箭弹16发，既可单射，也可部分连射，或者一次齐射。

相较于其他的火炮，BM-13火箭炮能迅速地将大量的炸药倾泻于目标地，但其准确度较低且装弹时间较长。装填一次齐射的弹药约需5~10分钟，一次齐射仅需7~10秒。BM-13火箭炮射击火力凶猛，杀伤范围大，是一种大面积消灭敌人密集部队、压制敌火力配系和摧毁敌防御工事的有效武器。此外，BM-13火箭炮价格低廉、易于生产，也是它被广泛装备的重要原因。

英文名称： BM-13 multiple rocket launcher
研制国家： 苏联
制造厂商： 沃罗涅日共产国际工厂
重要型号： BM-13、BM-13N
生产数量： 1000辆
生产时间： 1939~1940年
主要用户： 苏联陆军

World War II Weapons ★★☆

基本参数

长度	7.5米
宽度	2.3米
高度	3.19米
重量	5.73吨
最大速度	50千米/小时
最大行程	180千米

B-4 榴弹炮

B-4 榴弹炮是一种203毫米重型榴弹炮，又称为M1931榴弹炮。虽然这种火炮笨重无比，但在对付混凝土加固的重型碉堡时能发挥至关重要的作用，所以苏军在哈尔科夫、柴科斯基、柯尼斯堡、柏林等地作战时一直装备着这种火炮。

B-4榴弹炮采用弹丸和药包分离的方式，炮架左侧装有一个小型起重机用于调运弹药。每门榴弹炮需要15名士兵操纵，在运输时，能够拆解成两部分（炮架和炮管），方便装卸。由于重量较大，所以在炮架上改用履带，一般采用拖拉机牵引，牵引速度大约为15千米/小时。冬天苏联大部分地区都处在冰天雪地中，而且冰雪融化后经常是泥泞异常，这对重型火炮机动是非常不利的，对于B-4榴弹炮来说，加装履带后机动性的提升是相当明显的。

英文名称：	B-4 howitzer
研制国家：	苏联
制造厂商：	波尔舍维克兵工厂
重要型号：	B-4
生产数量：	871门
生产时间：	1932～1940年
主要用户：	苏联陆军

World War II Weapons

基本参数	
口径	203毫米
炮管长度	5.09米
重量	17.7吨
炮口初速	607米/秒
最大射速	1发/分
最大射程	18000米

ML-20 榴弹炮

ML-20 榴弹炮是一种152毫米牵引榴弹炮，在二战前设计完成，二战期间主要作为苏联集团军级的火力支援。为了降低开火时的后坐力，ML-20榴弹炮在炮口附近加装了独特的制退装置，侧面众多的开口可以保证尾焰经由两侧顺利排出，这也成了ML-20榴弹炮标志性的外观。

ML-20榴弹炮结合了榴弹炮与加农炮的特色，即在短距离内为加农炮特殊的平直弹道，用来完成近距离直射火力，而较大的距离上又有榴弹炮的抛物线。为了取得这两种特性，ML-20榴弹炮准备了13种装药用于分装调整弹道，同时它也具备直接瞄准和间接瞄准两种方式进行射击，并设计了新的装置用于直接针对气象状况进行调整和俯仰角的弹道修正，而这种装置在之后被各国火炮广泛运用至今。ML-20榴弹炮的射程很远，超过了包括德军sFH 18榴弹炮在内的众多口径相近的火炮。

英文名称：	ML-20 Howitzer
研制国家：	苏联
制造厂商：	莫托维利卡工厂
重要型号：	ML-20、ML-20S、ML-20SM
生产数量：	6884门
生产时间：	1937～1947年
主要用户：	苏联陆军

World War II Weapons

基本参数	
长度	8.18米
宽度	2.35米
高度	2.27米
重量	7.27吨
最大射速	4发/分
有效射程	17230米

M-30榴弹炮

M-30榴弹炮是苏联在二战初期研制的一种122毫米牵引榴弹炮,二战时期主要作为苏军师级作战单位的主力支援火炮。

该炮采用普通的单筒身管,身管的后半部分套在被筒内,炮口没有制退器。M-30榴弹炮在设计之初就考虑到了M1909、M1910等老式榴弹炮的通用弹药,因此绝大多数老式122毫米榴弹炮弹都可以使用,当然,苏军也为M-30榴弹炮生产过新式弹药。

M-30榴弹炮主要使用杀伤爆破榴弹,此外还有燃烧弹、发烟弹、宣传弹、照明弹等特种弹。另外,二战中苏军面对德军坦克部队巨大的压力,在战争后期极端重视反坦克作战,甚至要求所有野战火炮都有反坦克作战的能力,M-30榴弹炮也不例外。由于榴弹炮的身管较短,不适合发射初速较高的穿甲弹,因此苏军专门生产了一种122毫米空心装药反坦克弹,供M-30榴弹炮使用。

英文名称:	M-30 Howitzer
研制国家:	苏联
制造厂商:	莫托维利卡工厂
重要型号:	M-30、M-30S
生产数量:	19266门
生产时间:	1939～1955年
主要用户:	苏联陆军

World War II Weapons

基本参数	
长度	5.9米
宽度	1.98米
高度	1.82米
重量	2450千克
最大射速	6发/分
有效射程	11800米

D-1 榴弹炮

D-1榴弹炮是苏联在二战中后期研制的一种152毫米牵引榴弹炮，又称为1943年式152毫米榴弹炮（152mm Howitzer M1943）。

D-1榴弹炮的炮架与M-30榴弹炮基本相同，为防子弹和弹片伤人，火炮安置了防盾。大架最初用铆接制造，后来改用焊接，尾端装有轮子，减少人工移动负重。炮口加装了炮口制退器，以便减少后坐力冲击。

D-1榴弹炮的战斗转换时间约2分钟，紧急情况下可以不开大架射击，但这时候方向射界只有1.5度。在铺装道路上的最大牵引速度是40千米/小时，而越野时的最大牵引速度是10千米/小时。与同一时代的典型榴弹炮相比，D-1榴弹炮很好地调和了机动性和火炮威力的关系。D-1榴弹炮虽然射程稍短，但重量轻很多。总的来说，D-1榴弹炮的性价比要高于德国sFH 18榴弹炮和美国M1榴弹炮。

英文名称	D-1 Howitzer
研制国家	苏联
制造厂商	乌拉尔车辆厂
重要型号	D-1
生产数量	2827门
生产时间	1943～1949年
主要用户	苏联陆军

World War II Weapons

基本参数	
长度	6.7米
宽度	1.9米
高度	1.8米
重量	3.6吨
最大射速	4发/分
最大射程	12400米

M1938 迫击炮

M1938迫击炮是苏联在二战前研制的一种120毫米重型迫击炮,由法国1935式120毫米迫击炮改进而来。该炮是二战时期苏联步兵的重要武器,也是到现在都没被修改过的少数武器之一,可以说是苏联赢得卫国战争的一大功臣。

M1938迫击炮的优点很明显,它的重量远轻于122毫米口径的榴弹炮,底座设计尤为精巧,其重量正好是步兵人力可以接受的范围内。高射速和攻击隐藏目标的能力,使其成为有效对付敌方人员的武器。M1938迫击炮让苏军以有限的资源集中火力,具有重要的战略价值。该炮还是苏军伞兵和游击队唯一的重型武器,实用价值极高。由于性能出色,德军在缴获M1938迫击炮后不通过任何改造便直接采用。

英文名称:	M1938 Mortar
研制国家:	苏联
制造厂商:	乌拉尔车辆厂
重要型号:	M1938
生产数量:	12000门
生产时间:	1938～1945年
主要用户:	苏联陆军

World War II Weapons

基本参数	
口径	120毫米
炮管长	1.86米
重量	0.28吨
炮口初速	272米/秒
最大射速	10发/分
最大射程	6000米

第3章 苏联二战武器

ZiS-3 反坦克炮

ZiS-3反坦克炮是苏联在二战初期研制的牵引反坦克炮,它射速快、精度高、可靠性强,受到苏军炮兵的欢迎。

该炮安装了炮口制退器以减少部分后坐力,半自动立楔式炮闩,使用液压式驻退机进行制退。由于重量相对较轻,苏军的各式卡车乃至吉普车都可以用来牵引,紧急情况下也可由牲畜和炮兵拖拽前进。德军也缴获了很多ZiS-3反坦克炮并重新赋予FK 288r的编号加以使用,德国士兵给它起了"啾碰炮"的昵称,形容它炮弹速度极快。

ZiS-3反坦克炮的炮手班有8名成员,即炮长、副炮长各1人,炮手6人。炮长负责训练炮手和指挥全班人员进行战斗;副炮长兼瞄准手,负责瞄准操作瞄准具、瞄准机和发射;一炮手负责开闭炮门,检查和报告后坐量;二炮手是装填手;三炮手是引信手,负责装定引信和传递炮弹;四、五、六炮手为弹药手,负责搬运、准备炮弹,并兼任牵引车司机。

英文名称:	ZiS-3 Anti-tank Field Gun
研制国家:	苏联
制造厂商:	第92号兵工厂
重要型号:	ZiS-3
生产数量:	103000门
生产时间:	1941~1945年
主要用户:	苏联陆军

World War II
Weapons

基本参数	
长度	6.1米
宽度	1.4米
高度	1.3米
重量	1.2吨
最大射速	25发/分
最大射程	13290米

BS-3 反坦克炮

二战后期，苏联设计师将100毫米海军驱逐舰炮改进为另一种重型反坦克武器，命名为BS-3反坦克炮，也称为1944年式100毫米反坦克炮（100mm Anti-tank Gun M1944）。1944年，苏军开始使用BS-3反坦克炮来代替旧式76毫米反坦克炮，但最终未能如愿。到战争结束为止，苏联仅仅制造了591门BS-3反坦克炮，其中只有185门在1945年1月装备部队。二战结束后，苏联仍继续生产BS-3反坦克炮。

BS-3反坦克炮可以在很远的距离上击穿德军坦克的前装甲，它的穿甲弹可以在2000米距离上垂直击穿125毫米厚的装甲，而在1000米的距离上，BS-3反坦克炮几乎可以摧毁当时所有型号的德军坦克和装甲车。值得一提的是，著名的SU-100坦克歼击车就是以BS-3反坦克炮为主炮。

英文名称：	BS-3 Anti-tank Field Gun
研制国家：	苏联
制造厂商：	乌拉尔车辆厂
重要型号：	BS-3
生产数量：	1000门
生产时间：	1944~1951年
主要用户：	苏联陆军

World War II
Weapons

基本参数	
长度	9.37米
宽度	2.15米
高度	1.5米
重量	3.65吨
最大射速	10发/分
最大射程	20000米

LaGG-3 战斗机

  LaGG-3战斗机是苏联在二战初期研制的一种单座单引擎活塞战斗机。与其他苏联战斗机比较，LaGG-3战斗机的主要优点在于机体结构坚固，早期型号的火力也较强。当被炮弹击中时，LaGG-3战斗机并不像Yak系列战斗机（采用钢管蒙皮结构）那样容易起火，但木质结构在遭受损伤时更容易碎裂解体。

  LaGG-3战斗机的机载武器为1门20毫米机炮和1挺12.7毫米机枪。动力装置为1台卡莫夫M-105PF活塞发动机，最大功率为924千瓦。LaGG-3战斗机共有5个油箱，其中有3个在机身中段，另外2个在机翼的外段，总燃油量为480升。二战爆发后，LaGG-3战斗机、雅克列夫设计局的Yak-1战斗机以及米高扬设计局的MiG-3战斗机逐步取代老式的I-15战斗机和I-16战斗机成为苏联空军战斗机部队的主要机型。

英文名称：	
LaGG-3 Fighter Aircraft	
研制国家：	苏联
制造厂商：	拉沃契金设计局
重要型号：	LaGG-3/3IT
生产数量：	6528架
生产时间：	1941～1944年
主要用户：	苏联空军、芬兰空军

World War Ⅱ Weapons

基本参数	
长度	8.81米
高度	2.54米
翼展	9.8米
重量	2205千克
最大速度	575千米/小时
最大航程	1000千米

拉-5 战斗机

拉-5（La-5）是苏联在二战中后期的主力战斗机之一，还常被认为是苏联当时综合表现最优秀的战斗机。

拉-5战斗机为单引擎单座螺旋桨战斗机，最大特色是首创了前缘襟翼的构造，使用后三点式收放式起落架，配三叶式螺旋桨和气泡式座舱，有外露式的无线电天线。

拉-5战斗机的动力装置为一台什韦佐夫ASh-82星型气冷发动机，配备机械增压器，最大功率为1268千瓦。该机在前机身上方装有2门20毫米机炮，各备弹200发。此外，机翼下可挂载200千克炸弹。相对于另一款苏联战时主力战斗机雅克-9因受制于任务性质而毁誉参半的评价，或专职格斗用途的雅克-3型，相对较均衡的拉-5战斗机几乎是一面倒地受到实战部队的欢迎。

英文名称：	La-5 Fighter Aircraft
研制国家：	苏联
制造厂商：	拉沃契金设计局
重要型号：	La-5/5F/5FN
生产数量：	9920架
服役时间：	1942—1949年
主要用户：	苏联空军、捷克斯洛伐克空军

World War II Weapons

基本参数	
长度	8.67米
高度	2.54米
翼展	9.8米
重量	2605千克
最大速度	648千米/小时
最大航程	765千米

拉-7 战斗机

拉-7（La-7）战斗机是二战中苏联空军最实用的战斗机之一，由拉-5战斗机改进而来。该机的主要结构仍是木材，机身主梁和各舱段隔板为松木，蒙皮为薄胶合板和多层高密度织物压制而成，厚度由机头至机尾为6.8～3.5毫米，其强度比拉-5战斗机更大。由于机头要安装发动机和弹药舱，因此采用了铬钼合金钢管焊接的支架，驾驶舱也采用金属钢管焊接的支架结构。座舱玻璃为厚55毫米的有机玻璃。

拉-7战斗机的速度快，火力强大，是二战期间苏联空军打击德国空军的重要力量。该机主要用于对地攻击和对空攻击，对海攻击效果欠佳，可用于掩护轰炸机，可单独作战也可组队拦截。拉-5战斗机和拉-7战斗机是培养苏联王牌飞行员的摇篮，其中包括苏军头号王牌飞行员阔日杜布。

英文名称：	La-7 Fighter Aircraft
研制国家：	苏联
制造厂商：	拉沃契金设计局
重要型号：	La-7T/K/R/PVRD/UTI
生产数量：	5753架
服役时间：	1944～1950年
主要用户：	苏联空军、捷克斯洛伐克空军

World War II Weapons ★★★

基本参数	
长度	8.6米
高度	2.54米
翼展	9.8米
重量	3315千克
最大速度	661千米/小时
最大航程	665千米

雅克-1 战斗机

雅克-1（Yak-1）战斗机是一种单座单引擎螺旋桨战斗机，是Yak系列战斗机的第一种型号，也是苏联在临近二战爆发时投产的一系列战斗机中最成功的一种。

雅克-1战斗机的机翼为木质承力结构，外覆2.5～5毫米厚的航空胶合板。座舱盖为三段式有机玻璃结构，中段向后滑移。飞行员座椅有8毫米厚的装甲板保护。雅克-1战斗机使用后三点收放式起落架和三叶螺旋桨，与其改良型不同的地方是使用流线形而非气泡座舱。

雅克-1战斗机的动力装置为1台M-105R水冷发动机，功率为925千瓦。机载武器为1门20毫米机炮和2挺12.7毫米机枪，并可携带100千克炸弹或6发空用火箭。雅克-1战斗机的操纵性出色，对飞行员技术水平要求不高，大多数飞行员在经过30～50小时的初级飞行训练后即可直接驾驶。由于中低空性能好，也弥补了飞行员战斗经验不足的问题。

英文名称	Yak-1 Fighter Aircraft
研制国家	苏联
制造厂商	雅克列夫设计局
重要型号	Yak-1/1B/1M
生产数量	8700架
生产时间	1940～1944年
主要用户	苏联空军、法国空军、波兰空军

World War II Weapons

基本参数	
长度	8.5米
高度	2.64米
翼展	10米
重量	2394千克
最大速度	592千米/小时
最大航程	700千米

雅克-3 战斗机

雅克-3（Yak-3）战斗机是由雅克-1战斗机改进而来的下单翼单座液冷式螺旋桨战斗机，堪称苏联在二战后期空战性能最好的战斗机，也常被认为是整个二战中最灵活和敏捷的战斗机。该机采用全金属结构和后三点收放式起落架，取消了雅克-1机首下方的吸气口，改为在翼根两个较小的吸气口。使用气泡式座舱，外形比雅克-1战斗机更短粗。

雅克-3战斗机的主要武器为1门20毫米机炮和2挺12.7毫米机枪。该机的动力装置为1台M-105R液冷十二汽缸V型发动机，功率为925千瓦。雅克-3战斗机刚一服役便战绩惊人，1944年7月14日一队刚编成的雅克-3中队共18架，迎战30架德国Bf 109战斗机，一共击落15架敌机而自身无一损失。

英文名称	Yak-3 Fighter Aircraft
研制国家	苏联
制造厂商	雅克列夫设计局
重要型号	Yak-3/3K/3P/3PD/3T/3U
生产数量	4848架
服役时间	1944～1952年
主要用户	苏联空军、波兰空军

World War Ⅱ
Weapons

基本参数	
长度	8.5米
高度	2.39米
翼展	9.2米
重量	2105千克
最大速度	655千米/小时
最大航程	650千米

▲ 雅克-3战斗机在空中飞行

▼ 雅克-3战斗机侧面视角

雅克-7 战斗机

雅克-7（Yak-7）战斗机原本是在雅克-1战斗机的基础上发展而来的双座教练机，1940年7月首次试飞，1941年被改成单座战斗机。雅克列夫设计局在雅克-7战斗机驾驶舱后面的机身上制作了一个折叠式的空间，这是教练机留下来的设计。这个空间有多种用途，可载运货物、运送士兵，或放置备用燃料等，这大大增加了雅克-7战斗机的使用范围。

雅克-7战斗机的机载武器为1门20毫米机炮和2挺7.62毫米机枪，动力装置为1台M-105PA活塞发动机，最大功率为780千瓦。由于雅克-7战斗机载有较多的燃油，因此航程较远，可作为长程护航战斗机或长程战斗轰炸机使用。

英文名称：	Yak-7 Fighter Aircraft
研制国家：	苏联
制造厂商：	雅克列夫设计局
重要型号：	Yak-7/7A/7B/7D/7R/7T
生产数量：	6399架
生产时间：	1941~1945年
主要用户：	苏联空军、法国空军、波兰空军、匈牙利空军

World War II Weapons

基本参数	
长度	8.48米
高度	2.75米
翼展	10米
重量	2450千克
最大速度	571千米/小时
最大航程	643千米

雅克-9 战斗机

雅克-9（Yak-9）战斗机是一种单引擎战斗机，生产数量极为庞大。该机根据作战经验自雅克-7战斗机改良而来，主要特征是完全使用气泡式封闭座舱，可以很明显地与早期的雅克-1战斗机区别开来。

由于苏联增压器技术不足，因此雅克-9战斗机的设计目标主要为在中低空对抗德军主力战斗机，除了应付空中优势任务外，雅克列夫设计局也持续改良，使其能够胜任对地支援等任务。作为一款成功的战斗机，雅克-9被发展为一个数量庞大的系列，其中比较重要的机型包括战术侦察型雅克-9P、战斗轰炸型雅克-9B和雅克-9T，以及长程型雅克-9D和后期的标准型雅克-9U等。虽然雅克-9战斗机的整体性能还算不错，但也有一些较严重的缺点，例如防弹和抗毁性较差等。

英文名称：	Yak-9 Fighter Aircraft
研制国家：	苏联
制造厂商：	雅克列夫设计局
重要型号：	Yak-9/9T/9K/9D/9B/9M/9S/9P/9U
生产数量：	16769架
服役时间：	1942～1955年
主要用户：	苏联空军、波兰空军、保加利亚空军

World War II Weapons ★★☆

基本参数	
长度	8.55米
高度	3米
翼展	9.74米
重量	2350千克
最大速度	591千米/小时
最大航程	1360千米

米格-3 战斗机

米格-3（MiG-3）战斗机是一种单座活塞战斗机，由米格-1战斗机改进而来，后者是米高扬设计局设计的第一款战斗机。米格-1战斗机在投入批量生产之前的研制代号为I-200，该计划最初是由波利卡尔波夫设计局提出，但进展一直较为缓慢，直到1939年11月以后，伊-200的研制工作才在伊-26战斗机的基础上开展，之后该项目由新成立的米高扬设计局负责研制。1940年12月，伊-200被正式命名为米格-1战斗机，米高扬设计局在其生产过程中又进行了改进，改进型被称为米格-3战斗机。

米格-3战斗机的机载武器为1挺12.7毫米机枪和2挺7.62毫米机枪，并可携带两枚100千克炸弹。动力装置为1台米库林（Mikulin）AM-35A发动机，最大功率为993千瓦。由于重量的增加，最初的米格-3战斗机在性能上甚至不如早期的米格-1战斗机。

英文名称：	MiG-3 Fighter Aircraft
研制国家：	苏联
制造厂商：	米高扬设计局
重要型号：	MiG-3
生产数量：	3172架
生产时间：	1940～1941年
主要用户：	苏联空军

World War II
Weapons

基本参数	
长度	8.25米
高度	3.3米
翼展	10.2米
重量	2699千克
最大速度	640千米/小时
最大航程	820千米

佩-3 战斗机

佩-3（Pe-3）战斗机是一种双引擎重型战斗机，从被要求设计到飞机交付，佩特利亚科夫设计局仅仅用了一周时间。由于战事紧张，佩-3战斗机及其配套装备几乎是刚走下生产线就立刻配装到了前线部队。

佩-3战斗机是由佩-2轰炸机改装而来的，两者最大的差异体现在机头、机腹中段和武器系统上。佩-3战斗机在机身中部、弹舱和两个机枪手座舱处都添置了额外的油箱，同时，设计局也为佩-3增加了一个副驾驶席。

佩-3战斗机在机头处安装了2挺12.7毫米机枪（备弹300发）和1挺7.62毫米机枪（备弹450发），另外领航员座舱位置还有TSS-1型自卫机枪座，可搭载1挺7.62毫米机枪，备弹450发。佩-3战斗机还装有固定机尾炮塔，配有1挺7.62毫米机枪（备弹250发），以便提供后方自卫火力。此外，佩-3战斗机还有4个炸弹挂载点，最大载弹量为700千克。

英文名称	Pe-3 Fighter Aircraft
研制国家	苏联
制造厂商	佩特利亚科夫设计局
重要型号	Pe-3/3bis/3M
生产数量	360架
生产时间	1941～1944年
主要用户	苏联空军、芬兰空军

基本参数	
长度	12.66米
高度	3.95米
翼展	17.13米
重量	5858千克
最大速度	530千米/小时
最大航程	1500千米

伊-16 战斗机

伊16（I 16）战斗机是一种单座单引擎战斗机，是苏军在二战初期的主力战斗机。伊-16战斗机代表了两次世界大战之间空战概念的变化，其兼有新旧机型的特色，如旧机型的开放式座舱和粗短机身，新机型的下单翼构造和收放式起落架，但总体而言是反映了一战时的"缠斗战"思想。

伊-16战斗机是世界上第一架低单翼的硬壳结构战斗机，并率先使用收放式起落架和变距螺旋桨等新的民用飞机技术。该机各个子型号的武装都不相同，后期型号通常在机头装2挺7.62毫米机枪，机身装1挺12.7毫米机枪，两边机翼下可挂载6发RS-82火箭弹及2枚100千克炸弹。伊-16战斗机始终存在操纵困难的缺点，在急跃升时容易失控。德国Bf 109战斗机和日本"零"式战斗机出现后，伊-16战斗机已明显过时。

英文名称：	I-16 Fighter Aircraft
研制国家：	苏联
制造厂商：	波利卡尔波夫设计局
重要型号：	I-16、I-16 type 1/4/5/6/10/12
生产数量：	8644架
生产时间：	1934～1942年
主要用户：	苏联空军

World War II Weapons ★★★

基本参数	
长度	6.13米
高度	3.25米
翼展	9米
重量	1490千克
最大速度	525千米/小时
最大航程	700千米

伊尔-2 攻击机

伊尔-2（Il-2）攻击机是一种双座单引擎攻击机。该机原本是作为单座的战斗轰炸机，但初期在和德军作战时表现不理想，因为对于其较大的体型来说发动机功率不足，使得飞行性能不足以与德军Bf 109战斗机进行格斗战。后来该机加装了机枪手的后座位和重机枪自卫，并强化了装甲并集中攻击地面目标，才成为出色的攻击机。

伊尔-2攻击机的动力装置为1台米库林AM-38F发动机，最大功率为1285千瓦。该机在两翼各装有1门23毫米VYa-23固定式机炮（每门备弹150发），还装有2挺7.62毫米ShKAS机枪（各备弹750发）和1挺12.7毫米UBT机枪（备弹300发）。此外，伊尔-2攻击机还能携带600千克炸弹或火箭弹。

英文名称	Il-2 Attack Aircraft
研制国家	苏联
制造厂商	伊留申设计局
重要型号	Il-2/2U/2T/2I
生产数量	36183架
生产时间	1941～1945年
主要用户	苏联空军、波兰空军

World War II
Weapons

基本参数	
长度	11.6米
高度	4.2米
翼展	14.6米
重量	4360千克
最大速度	414千米/小时
最大航程	720千米

伊尔-10 攻击机

伊尔-10（Il-10）攻击机是在伊尔-2攻击机的基础上改进而来的双座单引擎攻击机。其外观与伊尔-2攻击机相似，但变成了全金属结构，并改用普通战斗机的收放式起落架。另外，伊尔-10攻击机设有内藏的弹仓。伊尔-10攻击机也是以单活塞式三叶螺旋桨驱动的机型，呈下单翼硬壳式布局，主要生产型为纵列双座封闭式座舱，后座位是面向后方的机枪手座位。

伊尔-10攻击机的动力装置为1台AM-42水冷发动机，最大功率达2051千瓦。早期型的固定武器为2门23毫米机炮、2挺7.62毫米机枪和1挺12.7毫米机枪，后期型改为2门23毫米机炮和1门20毫米机炮。该机两翼下可载弹250千克，弹仓可携带400千克火箭发射架或小型航弹集装箱。

英文名称：	Il-10 Attack Aircraft
研制国家：	苏联
制造厂商：	伊留申设计局
重要型号：	Il-10、B-33
生产数量：	6166架
生产时间：	1944～1954年
主要用户：	苏联空军、波兰空军、印度尼西亚空军、捷克斯洛伐克空军

World War II
Weapons

基本参数	
长度	11.06米
高度	4.18米
翼展	11.06米
重量	4680千克
最大速度	551千米/小时
最大航程	800千米

佩-2 轰炸机

佩-2（Pe-2）轰炸机是苏联在二战初期研制的一种三座双引擎轻型轰炸机，呈下单翼、双垂直尾翼布局，机身为全金属结构，使用三叶式螺旋桨。与当时大多数苏制战机的简陋粗糙不同，佩-2轰炸机的设计极为精细，性能也足以与美国P-38战斗机和德国Bf 110战斗机匹敌。卫国战争爆发后，佩-2轰炸机便受到重视，并开始大量生产，因为它有着较快的速度和较高的飞行高度，能渗透德国的防空系统。

佩-2轰炸机可载弹3000千克，有4挺7.62毫米机枪用于自卫，装甲较厚。该机的衍生型较多，其中佩-2R是专用的侦察机型，战争末期曾被用作火箭发动机的实验机；佩-2UT为教练机；佩-3是重型战斗机；佩-3R是夜间战斗机。

英文名称	Pe-2 Bomber Aircraft
研制国家	苏联
制造厂商	佩特利亚科夫设计局
重要型号	Pe-2/2B/2D/2I/2K/2M/2R/2S
生产数量	11427架
生产时间	1940～1945年
主要用户	苏联空军

World War II Weapons

基本参数	
长度	12.66米
高度	3.5米
翼展	17.16米
重量	5875千克
最大速度	580千米/小时
最大航程	1160千米

图-2 轰炸机

图-2（Tu-2）轰炸机是一种中型轰炸机，原本称为ANT-50。二战期间，图-2轰炸机作为苏联红军的水平轰炸机甚至俯冲轰炸机，参与了卫国战争后期的主要战役，包括柏林战役。图-2轰炸机是苏联著名飞机设计师图波列夫在监狱中研制而成的，其作战性能非常出色，图波列夫也因此被释放出狱。

图-2轰炸机的动力装置为两台什韦佐夫ASh-82气冷式发动机，单台功率为1380千瓦。该机装有2门20毫米机炮和3挺7.62毫米机枪，并可携带3770千克炸弹。1943年起，苏军在东线夺取了制空权，携带空心装药穿甲弹的图-2轰炸机对德军"虎"式坦克和"豹"式坦克造成了巨大伤害。

英文名称：	Tu-2 Bomber Aircraft
研制国家：	苏联
制造厂商：	图波列夫设计局
重要型号：	Tu-2/2D/2F/2G/2K/2M/2N
生产数量：	2257架
生产时间：	1941~1948年
主要用户：	苏联空军、波兰空军、印度尼西亚空军

World War II Weapons

基本参数	
长度	13.8米
高度	4.13米
翼展	18.86米
重量	7601千克
最大速度	528千米/小时
最大航程	2020千米

伊尔-4轰炸机

伊尔-4（Il-4）轰炸机是一种中型轰炸机，其前身为1936年3月首次试飞的DB-3轰炸机。苏德战争爆发后，伊留申设计局撤退到偏远的西伯利亚生产，强化了武装和装甲的新机被命名为伊尔-4轰炸机。伊尔-4轰炸机非常可靠和坚固，经常在超过最大负荷和最大航程的条件下，深入敌后执行轰炸任务。除作为轰炸机外，还作为鱼雷轰炸机、滑翔机牵引机、伞兵运输机使用。

伊尔-4轰炸机与DB-3轰炸机外形相似，头部的领航员舱略有区别。不过伊尔-4轰炸机是一架在内部结构和制造工艺上都完全不同的飞机，钢管构架承力结构已改为机身整体承力结构，所有结构变得简单和容易制造，质量也好控制。伊尔-4轰炸机的动力装置为2台图曼斯基M-88B发动机，单台功率为820千瓦。该机装有2挺7.62毫米ShKAS机枪和1挺12.7毫米UBT机枪，并可携带2700千克炸弹，也可携带火箭弹或鱼雷。

英文名称：	Il-4 Bomber Aircraft
研制国家：	苏联
制造厂商：	伊留申设计局
重要型号：	Il-4
生产数量：	5256架
生产时间：	1942～1944年
主要用户：	苏联空军、芬兰空军

World War II
Weapons

基本参数	
长度	14.76米
高度	4.82米
翼展	21.44米
重量	5800千克
最大速度	410千米/小时
最大航程	3800千米

"甘古特"级战列舰

"甘古特"级战列舰是苏联海军从沙俄海军继承的唯一一级战列舰,在相当长时间里也是苏联海军唯一的战列舰。

该级舰火力强大,4座三联装主炮全部布置在舰体纵向中心线上。舰体前后各布置1座炮塔,中部布置2座炮塔。305毫米主炮舷侧齐射的火力超过同时期任何一艘英国或者德国战列舰。

"甘古特"级战列舰采用破冰船艏,以便冬季封冻时也能自如地在波罗的海活动。由于使用较轻的亚罗式锅炉代替此前常用的贝尔维尔式锅炉,"甘古特"级战列舰的速度同样突出,航速超过24节,比同时期大多数无畏舰的航速都要快。"甘古特"级战列舰也有一个很明显的弱点:为了保证高航速牺牲了装甲防护,舷侧水线装甲厚度仅有229毫米,比同时其他主力战列舰都要薄。

英文名称:	Gangut Class Battleship
研制国家:	俄罗斯帝国
制造厂商:	波罗的海造船厂
舰名由来:	战役命名法
生产数量:	4艘
生产时间:	1909~1914年
主要用户:	俄国海军、苏联海军

World War II
Weapons

基本参数	
标准排水量	23360吨
满载排水量	26692吨
长度	181.2米
宽度	26米
吃水深度	8.4米
最大速度	24.6节

"基洛夫"级巡洋舰

"基洛夫"级巡洋舰是苏联于20世纪30年代建造的轻型巡洋舰,在设计上以意大利"莱蒙德·蒙特库特里"级轻型巡洋舰为原型。

"基洛夫"级巡洋舰采用长艏楼结构,艏楼一直延伸到前烟囱末端。两根巨大的向后倾斜的椭圆形烟囱位于舰体中部,且间隔很大,中间是一部舰载机的弹射器。舰桥共有3层,且相对低矮。

"基洛夫"级巡洋舰装备3座三联装B-1-P型180毫米舰炮,射速为每分钟6发,最大射程约35千米。最初的副炮是6门单管56倍口径的B-34型100毫米舰炮,集中安排在后烟囱两侧的武器平台上。防空武器包括舰桥顶部3门单管46倍口径的21K型45毫米高炮和艉楼上层建筑末端等处密集布置的5门单管67.5倍口径的70K型37毫米高射炮。

英文名称:	Kirov Class Cruiser
研制国家:	苏联
制造厂商:	尼古拉耶夫造船厂
舰名由来:	人名命名法
生产数量:	2艘
生产时间:	1935~1940年
主要用户:	苏联海军

World War II Weapons

基本参数	
标准排水量	7890吨
满载排水量	9436吨
长度	191.3米
宽度	17.7米
吃水深度	6.1米
最大速度	35.9节

"马克西姆·高尔基"级巡洋舰

"马克西姆·高尔基"级巡洋舰是苏联于20世纪30年代建造的轻型巡洋舰,由"基洛夫"级巡洋舰改进而成。两种巡洋舰的差异很小,最明显的就是舰桥的变化。"基洛夫"级舰上耸立的四脚主桅在后续舰上不再采用,驾驶室顶被一圆桶形结构舱室加高,原安装在主桅的B-20测距仪移到了这一舱室顶部。另外,由于主桅被取消,在舰桥与一号烟囱之间靠近烟囱的地方还新立了一根三角小桅。

舰载武器方面,除三号舰"卡冈诺维奇"号和四号舰"加里宁"号在以前B-34舰炮的位置替换8门单管90K型85毫米舰炮外,其他无太多变化。90K舰炮是1943年投入使用的52倍口径高平两用半自动舰炮,射速为18发/分,射程为15.5千米,射高达9000米,全炮重5.5吨,水平瞄速12度/秒,俯仰瞄速8度/秒,俯仰角-5度~+85度,弹丸重9.5千克。

英文名称	Maxim Gorky Class Cruiser
研制国家	苏联
制造厂商	尼古拉耶夫造船厂
舰名由来	人名命名法
生产数量	4艘
生产时间	1936~1944年
主要用户	苏联海军

World War II Weapons

基本参数	
标准排水量	8177吨
满载排水量	9728吨
长度	191米
宽度	17.7米
吃水深度	6.3米
最大速度	37节

"愤怒"级驱逐舰

"愤怒"级驱逐舰于1935年开始建造，1938年开始服役，原计划建造36艘，后来有6艘被取消建造。

"愤怒"级驱逐舰的设计受到了同时期意大利驱逐舰的影响，但苏联海军根据自己的战术技术要求，对意大利设计进行了修改。"愤怒"级驱逐舰保留了意大利舰只的基本设计，采用了大型单烟囱结构、长艏楼的基本舰型，并配备了130毫米单管舰炮和小型防盾。为了更好地使用这些重型舰炮，苏联采用了强度更高的钢材制造炮架。

"愤怒"级驱逐舰的防空火力较强，装备了2门76.2毫米高炮，布置在两个鱼雷发射管之间的甲板室上，这样可以拥有更好的射界，同时也不影响3号主炮的使用。高炮的测距仪布置在3号主炮的前方。另有2门单管45毫米速射高炮布置在舰楼甲板的两侧，位置在烟囱与舰桥之间，后被37毫米炮所替代。鱼雷发射管为2组三联装，水雷导轨总长140米，最多可布放56枚水雷。

英文名称：	Gnevny Class Destroyer
研制国家：	苏联
制造厂商：	尼古拉耶夫造船厂
舰名由来：	形容词命名法
生产数量：	30艘
生产时间：	1935～1942年
主要用户：	苏联海军

World War II
Weapons

基本参数	
标准排水量	1612吨
满载排水量	2039吨
长度	112.8米
宽度	10.2米
吃水深度	4.8米
最大速度	39.4节

"斯大林"级潜艇

"斯大林"级潜艇也被称为S级潜艇，其设计是以德国I级潜艇为基础，因此可以算是苏联版的U型潜艇。"斯大林"级潜艇的水上最大航速为19.5节，水上最大航速时的续航力为2700海里，水上经济航速（8.5节）时的续航力为9500海里。水下最大航速（9节）时的续航力为8.8海里，3节航速时的续航力为135海里，下潜深度为100米。

"斯大林"级潜艇的动力装置为2台柴油发动机，单台功率为1470千瓦。艇上的蓄电池为46-CY型，共有2组，每组62块。该级艇的武器主要为533毫米鱼雷发射管，艏部有4管，艉部有2管，共可携带12枚鱼雷。此外，还有1门100毫米火炮和1门45毫米火炮。"斯大林"级潜艇的自给力为30天，水下持续逗留时间为72小时，艇员有45人。

英文名称	Stalin Class Submarine
研制国家	苏联
制造厂商	尼古拉耶夫造船厂
舰名由来	人名命名法
生产数量	27艘
生产时间	1936～1948年
主要用户	苏联海军

World War II Weapons

基本参数	
水上排水量	840吨
潜航排水量	1050吨
长度	77.8米
宽度	6.4米
吃水深度	4.4米
潜航速度	9节

莫辛-纳甘步枪

    莫辛-纳甘步枪是由俄国陆军上校莫辛和比利时枪械设计师纳甘共同设计的手动步枪，多种型号的莫辛-纳甘步枪在沙俄军队以及苏联红军中作为制式武器服役。莫辛-纳甘步枪使用7.62毫米口径弹药（即7.62×54毫米R枪弹），采用突底缘锥形弹壳，最初采用被甲铅芯圆形弹头（初速615米/秒），后来改用尖头弹（初速865米/秒）。直至今日，俄罗斯军队仍在使用该系列枪弹。

    莫辛-纳甘步枪是苏联最早采用无烟发射药技术的军用步枪，此后苏联对其实施了一系列改进，推出了适用于骑兵的步枪、卡宾枪及加装瞄准镜的狙击步枪，并为之设计了一系列的枪榴弹，以适应战场需要。莫辛-纳甘步枪的优点是易于生产，使用简单可靠，不需太多的维护，符合当时苏联工业基础差、军队士兵素质偏低的实际状况。

英文名称：	Mosin Nagant Rifle
研制国家：	苏联
制造厂商：	图拉兵工厂
重要型号：	M1891、M1907、M1938、M1944
生产数量：	3700万支
生产时间：	1891~1965年
主要用户：	苏联陆军、土耳其陆军、波兰陆军、埃及陆军

World War Ⅱ Weapons

基本参数	
口径	7.62毫米
全长	1232毫米
枪管长	730毫米
重量	4千克
枪口初速	865米/秒
有效射程	800米
弹容量	5发

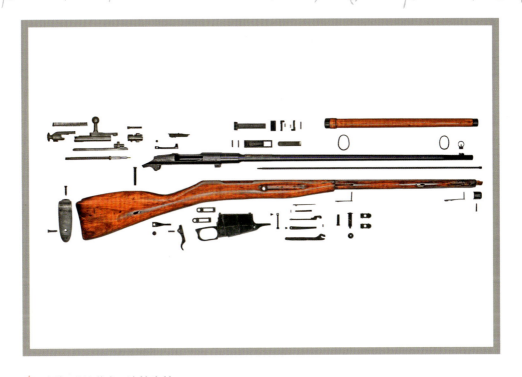

▲ 拆解后的莫辛-纳甘步枪

▼ 莫辛-纳甘步枪的狙击步枪衍生型

DP 轻机枪

　　DP轻机枪是苏联工兵中将瓦西里·捷格加廖夫设计的轻机枪，1928年定型并开始制造。

　　该枪采用导气式工作原理，闭锁机构为中间零件型闭锁卡铁撑开式。闭锁时，靠枪机框复进将左右两块卡铁撑开，锁住枪机。圆形弹盘是DP轻机枪最大的特征，它平放在枪身的上方，由上下两盘合拢构成。发射机构只能进行连发射击，有手动保险。改进型DPM与DP没有太大差别，仍采用圆形弹盘供弹，但是在机匣后端配用弹簧缓冲器，加装厚管壁重型枪管，并采用可长时间射击的金属弹链。

　　DP轻机枪的结构比较简单，一共只有65个零件，制造工艺要求不高，适合大量生产，这也是它被苏军广泛采用的原因之一。苏德战争期间，DP轻机枪伴随苏军参加了每一次重大军事行动，得到士兵们的普遍赞誉。不过，DP轻机枪连续射击后会因枪管发热致使枪管下方的复进簧受热而改变性能，影响武器的正常工作。

英文名称	DP Light Machine Gun
研制国家	苏联
制造厂商	图拉兵工厂
重要型号	DP、DPM
生产数量	795000挺
生产时间	1928～1950年
主要用户	苏联陆军

World War Ⅱ
Weapons

基本参数	
口径	7.62毫米
全长	1270毫米
枪管长	604毫米
重量	9.12千克
最大射速	600发/分
有效射程	800米
弹容量	47发

RPD 轻机枪

RPD轻机枪是瓦西里·捷格加廖夫在二战后期设计的一种班用轻机枪。其自动方式为导气式，闭锁系统基本上和DP轻机枪相同，其他主要工作部件也是由DP轻机枪改进而来，只是供弹方式改为不可散弹链。RPD轻机枪的结构并不新颖，但结构简单、使用方便。由于该枪使用的是中间型枪弹，因此它在弹链机枪中是重量较轻的一种。

RPD轻机枪由枪管、机匣、机机、机框、闭锁片、机柄、导气装置、复进装置、供弹机、枪托握把组件（包括发射机）、瞄准具、弹链及弹链盒等组成。枪托和手柄为木制，其余部分为钢制，两脚架可折叠。RPD轻机枪并没有设计快速更换枪管的功能，因此其枪管管壁较厚，可连续射击300发枪弹而不用冷却枪管。

英文名称	RPD Light Machine Gun
研制国家	苏联
制造厂商	科夫罗夫机械厂
重要型号	RPD、RPDM
生产数量	15万挺
生产时间	1944～1959年
主要用户	苏联陆军

World War II Weapons

基本参数	
口径	7.62毫米
全长	1037毫米
枪管长	520毫米
重量	7.4千克
最大射速	750发/分
有效射程	1000米
弹容量	100发

SG-43 中型机枪

  SG-43中型机枪是苏联在二战时期装备的一种7.62×54毫米口径中型机枪，取代马克沁M1910重机枪成为苏军的主要配备。

  该枪是一种结构简单、动作可靠的机枪，其自动方式为导气式，闭锁机构为枪机偏移式，供弹机构为单程输弹、双程进弹，击发机构为击锤平移式，发射机构只能连发。

  SG-43中型机枪发射的是M1908式7.62×54毫米凸缘式枪弹，配备250发闭式不散弹链。该枪的威力大，精度也较好，不过缺点是质量较大，单兵行军携带不便。枪架火线高及枪身倾斜不能调节，不适应复杂的地形。另外，由于SG-43中型机枪采用双程供弹，所以供弹机构也比较复杂。战争中，SG-43中型机枪主要作为营级武器配发，并安装在装甲输送车上。

英文名称：	SG-43 Medium Machine Gun
研制国家：	苏联
制造厂商：	图拉兵工厂
重要型号：	SG-43、SGM、SGMT
生产数量：	10万挺
生产时间：	1940~1943年
主要用户：	苏联陆军

基本参数	
口径	7.62毫米
全长	1150毫米
枪管长	720毫米
重量	13.8千克
最大射速	700发/分
有效射程	1100米
弹容量	250发

DShK 重机枪

DShK 重机枪是苏联在二战前研制的重型防空机枪，1938年开始批量生产。

DShK重机枪是一种弹链式供弹、导气式操作原理、只能全自动射击的重机枪。该枪为开膛待击，闭锁机构为枪机偏转式，依靠枪机框上的闭锁斜面，使枪机的机尾下降，完成闭锁动作。自动机系统与DP轻机枪上的类似，但按比例增大了枪机和机匣后板上的机框缓冲器组件。DShK重机枪使用不能快速拆卸的重型枪管，枪管前方有大型制退器，枪管中部有散热环，以增强冷却能力。枪管内有右旋膛线8条。

DShK重机枪使用不可散弹链，配有多用途枪架，由两个前脚架、一个后脚架和座盘组成，还有一对轮子，便于步兵拖行。改进型DShKM与DShK基本相同，主要的变化是供弹机构。DShK的供弹机构由拨弹滑板、拨弹杠杆和拨弹臂等组成，受弹机盖呈低矮的方形，这是区别DShKM与DShK的一个明显外观标志。

英文名称	DShK Heavy Machine Gun
研制国家	苏联
制造厂商	图拉兵工厂
重要型号	DShK、DShKM
生产数量	100万挺
生产时间	1938～1950年
主要用户	苏联陆军

World War Ⅱ
Weapons

基本参数	
口径	12.7毫米
全长	1625毫米
枪管长	1070毫米
重量	34千克（不含枪架）
最大射速	600发/分
有效射程	2000米
弹容量	50发

PPSh-41 冲锋枪

PPSh-41冲锋枪又被称为"波波莎"冲锋枪，是二战期间苏联生产数量最多的武器。在斯大林格勒战役中，它起到了非常重要的作用，成为苏军步兵标志性装备之一。

该枪使用自由式枪机原理，开膛待击，带有可进行连发、单发转化的快慢机，发射7.62×25毫米托卡列夫手枪弹（苏联手枪和冲锋枪使用的标准弹药）。

PPSh-41冲锋枪能够以1000发/分的射速射击，射速与当时其他大多数军用冲锋枪相比而言是非常高的。PPSh-41冲锋枪的设计以适合大规模生产与结实耐用为首要目标，对成本则未提出过高要求，因此PPSh-41冲锋枪上出现了木制枪托枪身。沉重的木质枪托和枪身使PPSh-41冲锋枪的重心后移，从而保证枪身的平衡性，而且可以像步枪一样用于格斗，同时还特别适合在高寒环境下握持。

英文名称：	PPSh-41 Submachine Gun
研制国家：	苏联
制造厂商：	图拉兵工厂
重要型号：	PPSh-41
生产数量：	600万挺
生产时间：	1941～1947年
主要用户：	苏联陆军

World War Ⅱ Weapons

基本参数	
口径	7.62毫米
全长	843毫米
枪管长	269毫米
重量	3.63千克
最大射速	1000发/分
有效射程	150米
弹容量	35发、弹鼓71发

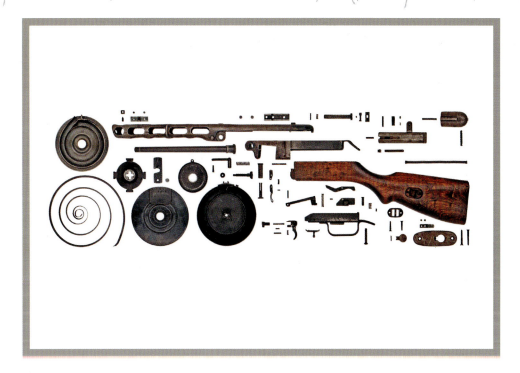

▲ 拆解后的PPSh-41冲锋枪

▼ 装有背带的PPSh-41冲锋枪

TT 半自动手枪

TT手枪是由苏联著名枪械设计师托卡列夫于1930年设计的半自动手枪,也被称为托卡列夫手枪,主要有TT-30和TT-33两种型号。1930年该手枪被苏军采用,成为苏联的军用制式手枪。

TT-30手枪使用7.62×25毫米口径手枪子弹,在外观和内部机械结构方面,与FN M1903手枪有异曲同工之妙,不过不同的是TT-30手枪发射子弹时枪机后坐距离较短。TT-30在开始生产后简化了一些设计,如枪管、扳机释放钮、扳机及底把等,更易于生产,这种改进型名为TT-33。为了降低生产成本,苏联在1946年再一次对TT-33进行了简化设计。总的来说,TT手枪具有火力强大、成本低廉、握持和携带方便、易于装配和拆卸以及可靠性强等优点,而缺点在于它仅设有击锤半程保险,容易意外解除保险走火。

英文名称:	TT Semi-automatic Pistol
研制国家:	苏联
制造厂商:	伊热夫斯克兵工厂
重要型号:	TT-30、TT-33
生产数量:	170万支
生产时间:	1930~1952年
主要用户:	苏联陆军

World War II
Weapons

基本参数	
口径	7.62毫米
全长	194毫米
枪管长	116毫米
重量	0.854千克
枪口初速	480米/秒
有效射程	50米
弹容量	8发

▲ TT半自动手枪及其配件

▼ 拆解后的TT半自动手枪

第 4 章

英国二战武器

英国是二战同盟国中的重要力量,在欧洲和北非等战场上与德国进行了激烈的战斗。二战期间,英国不仅经由《租借法案》从美国引进了许多作战装备,同时也自行研制了不少性能优异的武器装备。

维克斯六吨坦克

维克斯六吨坦克是英国维克斯公司在战间期研制的一种轻型坦克,虽然没有被英国陆军大量采用,却被其他国家大量购买,成为二战前除了雷诺FT-17坦克以外全世界最普遍的坦克。

该坦克车身采用当时技术成熟的铆焊制法,为了保持一定程度的机动性,装甲略显薄弱。车体装甲初期设计最厚为13毫米,但可接受需求增厚至17毫米。动力装置为维克斯公司研制的直立四缸汽油发动机,可让坦克在铺装路面上以35千米/小时的速度前进。该坦克采用台车式悬吊系统,双轨构造,左右各4对。这种悬吊系统被认为是一种相当好的系统,可以承受长距离行驶。

维克斯六吨坦克的武器有两种构型:A构型为双炮塔,每个炮塔搭载1挺维克斯机枪;B构型为单炮塔,炮塔为双人式,搭载1挺机枪及1门短管47毫米榴弹炮。B构型在当时属于新设计,双人炮塔可以让车长专心观测,将火力装填的任务交给装填手,从而具备即时射击的能力。这种新设计受到肯定,并被后来大多数的新型坦克采用。

英文名称	Vickers 6-Ton Tank
研制国家	英国
制造厂商	维克斯公司
重要型号	Type A、Type B
生产数量	153辆
生产时间	1929~1939年
主要用户	英国陆军、希腊陆军、波兰陆军、泰国陆军、西班牙陆军

World War II Weapons

基本参数	
长度	4.88米
宽度	2.41米
高度	2.16米
重量	7.3吨
最大速度	35千米/小时
最大行程	160千米

第 4 章 英国二战武器

"谢尔曼萤火虫" 中型坦克

"谢尔曼萤火虫"中型坦克由美国M4"谢尔曼"中型坦克换装主炮改进而来，与后者相比，"谢尔曼萤火虫"中型坦克不仅换装了76.2毫米反坦克炮，炮架及配套的弹药架也变更了位置。车载无线通信系统移动到新设置的焊接在炮塔后部的装甲盒内。炮塔上部装甲板增设装填手出入用舱盖。炮塔侧面的轻武器射击口被取消，用电焊封闭。

"谢尔曼萤火虫"中型坦克装有1门76.2毫米QF 17磅反坦克炮，当使用标准的钝头被帽穿甲弹，入射角度为30度时，其主炮可以在500米距离击穿140毫米厚的装甲。若用脱壳穿甲弹，入射角度同样为30度时，在500米远可击穿209毫米厚的装甲。尽管"谢尔曼萤火虫"中型坦克有优秀的反坦克能力，但在对付"软"目标，如敌人步兵、建筑物和轻装甲的战车时，被认为比一般的M4"谢尔曼"中型坦克要差。

英文名称：	Sherman Firefly Medium Tank
研制国家：	英国
制造厂商：	皇家兵工厂
重要型号：	Sherman Firefly
生产数量：	2000辆
生产时间：	1943～1945年
主要用户：	英国陆军、加拿大陆军、新西兰陆军、波兰陆军、南非陆军

World War II
Weapons

基本参数	
长度	5.89米
宽度	2.64米
高度	2.7米
重量	35.3吨
最大速度	40千米/小时
最大行程	193千米

"土龟"重型坦克

"土龟"重型坦克是英国在二战后期研制的超重型坦克，最终并未量产。

"土龟"重型坦克一共有7名乘员，即车长、炮手、驾驶员各1名，机枪手和装填手各2名。为了抵挡德军的88毫米炮，"土龟"重型坦克的正面装甲厚达228毫米，炮盾装甲也有所强化。这也导致"土龟"重型坦克的重量高达79吨，而它搭载的劳斯莱斯V12汽油发动机的功率只有450千瓦，所以行驶速度极低，而且难以运送，即便能在二战结束前服役，也难以伴随友军装甲部队前进。

"土龟"重型坦克采用固定炮塔，外形类似德国的突击炮，主炮为1门QF 32磅炮（94毫米口径），所发射的是弹体与发射药分装的分离式弹药，搭配被帽穿甲弹的32磅炮弹（14.5千克），在测试时发现可在900米距离击穿德军的"豹"式中型坦克。"土龟"重型坦克的辅助武器包括1挺同轴机枪、1挺车头机枪及1挺防空机枪，均为7.92毫米贝莎机枪。

英文名称：	Tortoise Heavy Tank
研制国家：	英国
制造厂商：	纳菲尔特公司
重要型号：	A39
生产数量：	6辆
生产时间：	1944年
主要用户：	英国陆军

World War II Weapons

基本参数	
长度	10米
宽度	3.9米
高度	3米
重量	79吨
最大速度	19千米/小时
最大行程	140千米

"马蒂尔达"步兵坦克

"马蒂尔达"坦克是英国在二战前研制的步兵坦克,主要有Ⅰ型和Ⅱ型两种型号。

"马蒂尔达"坦克Ⅰ型的防护力较强,车体正面装甲厚60毫米,炮塔的四周均为65毫米厚的钢装甲。动力装置为福特8缸汽油发动机,最大功率仅51.5千瓦。Ⅱ型的装甲进一步加强,动力装置为两台直列6缸柴油发动机,单台最大功率为64千瓦。后来生产的Ⅱ型换装功率更大的柴油发动机,总功率达到140千瓦。双发动机布置方案虽然有一定的动力优势,但也带来了占用车内空间和同步协调等问题。

由于设计思想的限制,Ⅰ型的主要武器仅有1挺7.7毫米机枪,火力太弱。后来虽然换装了12.7毫米机枪,但由于原来的炮塔太小,乘员操纵射击非常费劲。Ⅱ型的主要武器为QF 2磅炮,口径为40毫米,身管长为52倍口径。其辅助武器为1挺7.92毫米同轴机枪,弹药基数2925发。

英文名称	Matilda Infantry Tank
研制国家	英国
制造厂商	维克斯公司
重要型号	Matilda Ⅰ/Ⅱ
生产数量	3127辆
生产时间	1938～1943年
主要用户	英国陆军

World War Ⅱ Weapons

基本参数	
长度	5.61米
宽度	2.59米
高度	2.52米
重量	26.9吨
最大速度	24千米/小时
最大行程	258千米

▲ "马蒂尔达"坦克Ⅰ型

▼ "马蒂尔达"坦克Ⅱ型

"瓦伦丁"步兵坦克

"瓦伦丁"步兵坦克是英国在二战初期研制的步兵坦克。其装甲比不上同时代的"马蒂尔达"步兵坦克,车身前、后、左、右装甲厚度为60毫米,炮塔四周装甲厚度也只有65毫米,但是这样的设计在同级别坦克里已属不错。动力装置方面,Ⅰ型使用AEC A189汽油发动机,Ⅱ型、Ⅲ型和Ⅵ型使用AEC A190汽油发动机,Ⅳ型、Ⅴ型和Ⅶ~Ⅺ型则使用GMC 6004发动机,这些发动机的功率都不是很大,优点是着火几率较小。由于构造简单,"瓦伦丁"步兵坦克的生产相对容易,造价也比较便宜。

"瓦伦丁"步兵坦克Ⅰ型~Ⅶ型的主要武器是1门与"马蒂尔达"步兵坦克相同的40毫米火炮,Ⅷ型~Ⅹ型是1门57毫米火炮,最后的Ⅺ型是1门75毫米反坦克炮。各型的辅助武器都是1挺7.92毫米同轴机枪。该坦克的变型车有自行反坦克炮、自行榴弹炮和坦克架桥车等。

英文名称:	Valentine Infantry Tank
研制国家:	英国
制造厂商:	维克斯公司
重要型号:	Valentine Ⅰ/Ⅱ/Ⅲ/Ⅳ/Ⅴ
生产数量:	8275辆
生产时间:	1940~1944年
主要用户:	英国陆军、加拿大陆军、澳大利亚陆军、新西兰陆军

World War Ⅱ Weapons

基本参数	
长度	5.41米
宽度	2.63米
高度	2.27米
重量	16吨
最大速度	24千米/小时
最大行程	140千米

"丘吉尔"步兵坦克

"丘吉尔"步兵坦克是英国在二战初期研制的步兵坦克。其型号十分繁杂，共有18种车型。其中主要的是Ⅰ～Ⅷ型，它们的战斗全重都接近40吨，乘员5人。依型号不同，车体的长度、宽度和高度也小有区别。车体内部由前至后分别为：驾驶室、战斗室、动力-传动舱。驾驶室中，右侧是驾驶员、左侧是副驾驶员（兼任前机枪手）。中部的战斗室内有3名乘员，即车长、炮长和装填手。

Ⅰ型的主要武器为1门40毫米火炮，此外在车体前部还装有1门76.2毫米的短身管榴弹炮。自Ⅱ型开始，均取消了车体前部的短身管榴弹炮，而代之以7.92毫米机枪。Ⅲ型采用了焊接炮塔，其主炮换为57毫米加农炮，大大提高了坦克火力。Ⅳ型仍采用57毫米火炮，但又改为铸造炮塔。Ⅵ型和Ⅶ型都采用了75毫米火炮，Ⅴ型和Ⅷ型则采用了短身管的95毫米榴弹炮。

英文名称	Churchill Infantry Tank
研制国家：	英国
制造厂商：	沃克斯豪尔公司
重要型号：	Churchill Ⅰ/Ⅱ/Ⅲ/Ⅳ/Ⅴ
生产数量：	7368辆
生产时间：	1941～1945年
主要用户：	英国陆军、印度陆军、约旦陆军

World War Ⅱ Weapons

基本参数	
长度	7.4米
宽度	3.3米
高度	2.5米
重量	38.5吨
最大速度	24千米/小时
最大行程	90千米

第4章 英国二战武器

▲ "丘吉尔"步兵坦克正面视角

▼ "丘吉尔"步兵坦克侧前方视角

"十字军"巡航坦克

"十字军"坦克是英国在二战初期研制的巡航坦克，主要有Ⅰ型、Ⅱ型和Ⅲ型三种型号。

"十字军"坦克Ⅰ型除了主炮塔外，车体前部左侧还有一个小机枪塔，可以小幅度转动。Ⅱ型是Ⅰ型的装甲强化型，其特点是所有的装甲厚度都加厚了6～10毫米，车体正面和炮塔正面焊接上14毫米厚的附加装甲板。Ⅲ型的生产数量最多，乘员人数减为3人，取消了前机枪手和装填手。该坦克的车体和炮塔以铆接式结构为主，三种型号的装甲都比较薄弱。

Ⅰ型和Ⅱ型的主要武器是1门40毫米火炮，辅助武器为2挺7.92毫米机枪。此外，车内还有1挺用于防空的布伦轻机枪，但不是固定武器。Ⅲ型换装了57毫米火炮，炮塔也重新设计。辅助武器是1挺7.92毫米同轴机枪，弹药基数为5000发。虽然"十字军"坦克的速度远胜于同时期德军坦克，但存在火力差、装甲薄弱和可靠性不足的问题。

英文名称	Crusader Cruiser Tank
研制国家	英国
制造厂商	纳菲尔特公司
重要型号	Crusader Ⅰ/Ⅱ/Ⅲ
生产数量	5300辆
生产时间	1940～1943年
主要用户	英国陆军、澳大利亚陆军、加拿大陆军

World War Ⅱ Weapons

基本参数	
长度	5.97米
宽度	2.77米
高度	2.24米
重量	19.7吨
最大速度	43千米/小时
最大行程	322千米

"克伦威尔"巡航坦克

"克伦威尔"巡航坦克是英国在二战后期研制的巡航坦克。其车体和炮塔多为焊接结构，有的为铆接结构，装甲厚度为8～76毫米。Ⅰ、Ⅱ、Ⅲ型的战斗全重约28吨，乘员5人。发动机为V12水冷式汽油发动机，功率441千瓦。传动装置有4个前进挡和1个倒挡，行动装置采用克里斯蒂悬挂装置。

"克伦威尔"巡航坦克Ⅰ型、Ⅱ型和Ⅲ型的主要武器是1门57毫米火炮，辅助武器有1挺7.92毫米同轴机枪和1挺7.92毫米前机枪。Ⅳ型、Ⅴ型、Ⅶ型坦克换装了75毫米火炮，增装了炮口制退器，发射的弹种由以穿甲弹为主转向以榴弹为主。Ⅵ型、Ⅷ型坦克换装了95毫米榴弹炮。由于装备部队的时间较晚，加上火炮威力相对较弱，"克伦威尔"巡航坦克在二战中发挥的作用有限，但在诺曼底战役及随后的进军中也为战争的胜利做出过贡献。

英文名称	Cromwell Cruiser Tank
研制国家	英国
制造厂商	伯明翰铁路公司
重要型号	Cromwell Ⅰ/Ⅱ/Ⅲ/Ⅳ/Ⅴ
生产数量	4016辆
生产时间	1944～1945年
主要用户	英国陆军、波兰陆军、以色列陆军、希腊陆军

World War Ⅱ Weapons

★ ★ ☆

基本参数	
长度	6.35米
宽度	2.91米
高度	2.83米
重量	28吨
最大速度	64千米/小时
最大行程	270千米

"彗星"巡航坦克

"彗星"巡航坦克是英国在二战后期研制的巡航坦克。其车身和炮塔均采用焊接方式制造。车身正面装甲和"克伦威尔"巡航坦克一样采取垂直结构的传统设计,而同时期其他国家的主力坦克都已部分或全面采用了避弹角度较佳的倾斜装甲,这导致"彗星"巡航坦克的装甲防护处于劣势。不过,"彗星"巡航坦克尽可能增加了装甲厚度,车重较"克伦威尔"巡航坦克增加了5吨。装甲最厚达102毫米,使它能抵挡德国大部分反坦克武器的攻击。

"彗星"巡航坦克的主要武器为1门77毫米火炮,备弹61发。辅助武器为2挺7.92毫米贝莎机枪,备弹5175发。得益于77毫米火炮,"彗星"巡航坦克也成为英国在二战时设计的坦克中,少数能够对抗德国战争末期重型坦克的有力装备。在战场上的"彗星"巡航坦克也作为装甲运兵车,为防止车尾排气管灼伤乘坐在车身上的步兵,加装了护罩。

英文名称:	Comet Cruiser Tank
研制国家:	英国
制造厂商:	里兰德汽车公司
重要型号:	Model A、Model B
生产数量:	1186辆
生产时间:	1944年
主要用户:	英国陆军、芬兰陆军、南非陆军、缅甸陆军

World War II Weapons

基本参数	
长度	6.55米
宽度	3.04米
高度	2.67米
重量	33吨
最大速度	51千米/小时
最大行程	250千米

通用运载车

通用运载车是英国在二战间期研制的一种履带式装甲车,也被称为布伦机枪运输车。该车是武器史上极具魅力的小型装甲车之一,其特点是"多用途适应能力",因此它的衍生型用途繁多。

通用运载车采用福特V8汽油发动机,功率为85马力。比起功能和大小相近的轮式车辆吉普车,使用履带的通用运载车有较高的负载,以负荷薄装甲片和更多的物资。而且履带车辆的越野性能更加优秀,使其在担当任务时拥有特殊优势。不过通用运载车比吉普车重,速度也比吉普车慢。

通用运载车可以根据步兵作战环境的不同,随意搭载不同种类的中型或重型武器,包括布伦轻机枪、博伊斯反坦克步枪、维克斯重机枪、M2重机枪以及步兵用反坦克发射器等。该车的用途极度广泛,二战中被赋予了五花八门的任务。

英文名称	Universal Carrier
研制国家	英国
制造厂商	维克斯公司
重要型号	Mk Ⅰ/Ⅱ
生产数量	113000辆
生产时间	1934~1960年
主要用户	英国陆军

World War Ⅱ Weapons ★★☆

基本参数	
长度	3.65米
宽度	2.06米
高度	1.57米
重量	3.75吨
最大速度	48千米/小时
最大行程	250千米

▲ 通用运载车侧前方视角

▼ 保存至今的通用运载车

"射手"坦克歼击车

"射手"坦克歼击车是英国以"瓦伦丁"步兵坦克的底盘为基础安装QF 17磅炮而成的一种坦克歼击车。当时,英军使用QF 2磅炮和QF 6磅炮作为坦克的主要武器,在对付德军装甲车辆时火力相当不足,为了快速提高反坦克能力,英军决定把QF 17磅炮安装在当时已经量产的"瓦伦丁"步兵坦克的底盘上,成为"射手"坦克歼击车。

由于"瓦伦丁"步兵坦克的底盘较为细小,无法以旋转炮塔方式加装大型的QF 17磅炮,只能把主炮向后安装,再配备低矮的开顶式固定炮塔。该坦克也因此成为一种绝佳的伏击武器,通常发射数发炮弹后就可快速转换位置,无须浪费时间原地旋转车体离开。不过,狭窄的内部空间导致主炮后膛刚好在驾驶座上,发射时驾驶员必须离开驾驶座,避免被后坐力所伤。

英文名称：	Archer Tank Destroyer
研制国家：	英国
制造厂商：	维克斯公司
重要型号：	A30
生产数量：	655辆
生产时间：	1943～1945年
主要用户：	英国陆军、埃及陆军

World War Ⅱ
Weapons

基本参数	
长度	6.7米
宽度	2.76米
高度	2.25米
重量	15吨
最大速度	32千米/小时
最大行程	230千米

"阿基里斯"坦克歼击车

"阿基里斯"坦克歼击车是由美国M10坦克歼击车（底盘均为M4"谢尔曼"中型坦克系列）改装而来的坦克歼击车。英军将三分之二的M10坦克歼击车改装成"阿基里斯"坦克歼击车，在二战后期的欧洲战场上广泛应用。二战后，该车还在英军中服役一段时期。在丹麦军队中，一直服役到20世纪70年代初。

"阿基里斯"坦克歼击车在M10坦克歼击车的基础上换装了英国制造的QF 17磅反坦克炮，尽管火炮口径仍为76毫米，但由于火炮身管加长，穿甲威力大增。更换主炮后的"阿基里斯"坦克歼击车与"谢尔曼萤火虫"中型坦克极为相似。"阿基里斯"坦克歼击车的炮口制退器，成为它最主要的外部识别特征。此外，炮口制退器后部加装的圆套管（主要起配重作用），也是"阿基里斯"坦克歼击车很重要的一个外部特征。

英文名称：	Achilles Tank Destroyer
研制国家：	英国
制造厂商：	皇家兵工厂
重要型号：	Achilles
生产数量：	1100辆
生产时间：	1943～1944年
主要用户：	英国陆军、丹麦陆军

World War II Weapons

基本参数	
长度	5.97米
宽度	3.05米
高度	2.57米
重量	29.6吨
最大速度	51千米/小时
最大行程	300千米

QF 6磅反坦克炮

QF 6磅反坦克炮是二战期间英国设计生产的57毫米反坦克炮,美国也曾进行仿制,美国的代号为M1反坦克炮。在QF 6磅反坦克炮出现之前,QF 2磅反坦克炮是英军主要的反坦克武器,这种火炮在法国战役中面对德军的装甲时表现得十分糟糕,因此英军急需一款威力更强的反坦克炮。QF 6磅反坦克炮于1941年末开始装备部队,1942年英军炮兵首次在北非战场上使用,随后装备步兵团,还配装在几种坦克上。

QF 6磅反坦克炮装有炮口配重装置和球形炮口制退器,炮架有两种,炮闩为立楔式,液压气动式反后坐装置安装在身管下部。大架为普通框型结构,为开脚式。QF 6磅反坦克炮的最大射击仰角为-5度~15度,最大回旋角度为90度,发射脱壳穿甲弹时的炮口初速可达1219米/秒,穿甲厚度达142毫米。

英文名称:	
QF 6 Pounder Anti-tank Gun	
研制国家:	英国
制造厂商:	皇家兵工厂
重要型号:	Mk 1/2/3/4/5
生产数量:	5万门
生产时间:	1941~1945年
主要用户:	英国陆军、美国陆军、法国陆军

World War II Weapons

基本参数	
长度	2.82米
宽度	1.8米
高度	1.28米
重量	1.215吨
最大速度	15发/分
有效射程	1510米

QF 17磅反坦克炮

QF 17磅反坦克炮是二战时期英国设计生产的76毫米牵引式反坦克炮,被誉为当时盟军最优秀的反坦克炮。该炮是英军为取代QF 6磅反坦克炮而研制的,主要用于对付当时北非战场上德军的"虎"式重型坦克。QF 17磅反坦克炮一直活跃到二战结束,在最后一年甚至成为英军的标准反坦克武器。在作战中,QF 17磅反坦克常扮演多重角色,成为了一种全能火炮。

QF 17磅反坦克炮采用半自动立楔式炮闩和液压式气动式反后坐装置,装有双室炮口制退器和防盾。大架为开脚式结构,主要由车辆牵引。QF 17磅反坦克炮可以发射脱壳穿甲弹、被帽穿甲弹、穿甲弹、榴弹等多种炮弹。除了作为牵引式反坦克炮使用,QF 17磅反坦克炮还配装在"谢尔曼萤火虫"中型坦克和"阿基里斯"坦克歼击车上。

英文名称:	
QF 17 Pounder Anti-tank Gun	
研制国家:	英国
制造厂商:	皇家兵工厂
重要型号:	Mk 1/2/3/4/5/6/7
生产数量:	7万门
生产时间:	1942～1945年
主要用户:	英国陆军

World War II Weapons

★ ★ ★

基本参数	
口径	76.2毫米
炮管长	4.19米
重量	3.05吨
炮口初速	1200米/秒
有效射程	1800米
最大射程	9000米

QF 25磅榴弹炮

  QF 25磅榴弹炮是英国在20世纪30年代研制的87.6毫米牵引式榴弹炮，采用液体气压式反后坐力装置、立楔式炮闩、分装式炮弹。液体气压式反后坐装置位于身管下方，这样不便于维修，而且抬高了火线，作反坦克用途时容易暴露，对火炮生存不利。QF 25磅榴弹炮采用充气橡胶轮胎，主要由4吨的贝德福德卡车牵引，同时保留了前车，也就是保留了在特殊条件下使用骡马拖曳的功能。

  QF 25磅榴弹炮是英军第一种具有加农炮和榴弹炮两种弹道特点的火炮。它既可以用低初速、高弹道射击遮蔽物后方的目标，也可以用高初速、低伸弹道直射目标。所以有些装备QF 25磅榴弹炮的国家也将其称为加农榴弹炮。该炮不用座盘时方向角只有8度，这时射击精度很差，通常只在紧急时刻使用。圆形座盘着地是QF 25磅榴弹炮的主要射击方式。圆形座盘和弓形箱式炮架配合可以进行360度环射，这样可以迅速对付周围的目标。

英文名称：	
QF 25 Pounder Anti-tank Gun	
研制国家：	英国
制造厂商：	皇家兵工厂
重要型号：	Mk 1/2/3/4
生产数量：	1.2万门（二战期间）
生产时间：	1937~1945年
主要用户：	英国陆军、澳大利亚陆军、加拿大陆军、新西兰陆军

World War II Weapons ★★★

基本参数	
长度	4.6米
宽度	2.13米
高度	1.16米
重量	1.63吨
最大射速	8发/分
有效射程	12253米

▲ QF 25磅榴弹炮侧前方视角

▼ QF 25磅榴弹炮后方视角

"飓风"战斗机

"飓风"战斗机是英国在二战前研制的一种单座单引擎战斗机，1935年11月首次试飞，1937年12月开始服役。

"飓风"战斗机金属结构机身和布制蒙皮非常耐用，而且比起"喷火"战斗机的金属蒙皮，"飓风"战斗机的布制蒙皮对爆炸性机炮弹有更高的对抗性，简单的设计也令维修变得更容易。

"飓风"战斗机的典型武器是2门40毫米维克斯机炮和2挺7.7毫米勃朗宁机枪，不同型号的机载武器均有不同。在不列颠空战中，"飓风"战斗机击落的敌机比英军其他任何一种战斗机都多。"飓风"战斗机维修简便、飞行特性良好，二战后期退居二线后仍在一些环境恶劣、要求高可靠性多于高性能的战场执行任务。

英文名称：	Hurricane Fighter Aircraft
研制国家：	英国
制造厂商：	霍克公司
重要型号：	Mk 1/2/3/4/5/6
生产数量：	14583架
生产时间：	1937~1944年
主要用户：	英国空军、澳大利亚空军、新西兰空军、加拿大空军、法国空军

World War Ⅱ Weapons

基本参数	
长度	9.84米
高度	4米
翼展	12.19米
重量	2605千克
最大速度	547千米/小时
最大航程	965千米

"喷火"战斗机

"喷火"战斗机是英国第一种成功采用全金属承力蒙皮的作战飞机，1936年6月首次试飞，1938年8月开始服役。

"喷火"战斗机的全部固定武器、主起落架和冷却器等都装在机翼内，单座座舱视野良好。该斗机采用了大功率活塞式发动机和良好的气动外形，机头为半纺锤形，有别于当时大多数飞机的粗大机头，整流效果好，阻力小。发动机安装在支撑架后的防火承力壁上，背后是半硬壳结构的中后部机身。机翼采用椭圆平面形状的悬臂式下单翼，虽制造工艺复杂，费工费时，但气动特性好，升阻比大。

"喷火"战斗机的综合飞行性能在二战时始终居世界一流水平，与同期德国主力机种 Bf 109 战斗机相比各有千秋，水平机动性及火力方面略胜一筹。从1936年第一架原型机试飞开始，"喷火"战斗机不断改良，不仅担负英国维持制空权的重任，还转战欧洲、北非与亚洲等战区。

英文名称：	Spitfire Fighter Aircraft
研制国家：	英国
制造厂商：	超级马林公司
重要型号：	Mk 1/2/3/4/5/6/7/8/9/10/11
生产数量：	20351架
服役时间：	1938～1961年
主要用户：	英国空军、加拿大空军、美国陆军航空队

World War Ⅱ Weapons
★ ★ ★

基本参数	
长度	9.12米
高度	3.86米
翼展	11.23米
重量	2297千克
最大速度	595千米/小时
最大航程	1827千米

第 4 章 英国二战武器

▲ "喷火"战斗机在高空飞行

▼ "喷火"战斗机准备起飞

"暴风"战斗机

"暴风"战斗机是英国在二战中后期研制的一种单座单引擎战斗机,原本是作为较"喷火"战斗机更先进的战斗机而设计,但在使用过程中发现爬升率和高空速度并不理想,尤其是在高速俯冲时空气动力特性恶化,不容易从俯冲状态恢复正常,在使用过程中逐渐当成战斗轰炸机和地面攻击机使用。

"暴风"战斗机的机载武器为4门西斯潘诺20毫米机炮,另可挂载2枚1000千克炸弹。该机的动力装置为内皮尔"佩刀"ⅡB型水冷发动机,功率为1625千瓦。1944年1月,英国空军第486中队开始装备"暴风"战斗机,随后第3中队也开始装备。同年6月8日,第3中队的9架"暴风"战斗机首次在诺曼底登陆场上空执行巡逻任务并与德军的5架Bf 109战斗机相遇,"暴风"战斗机击落了3架Bf 109战斗机,而自身无一损失。

英文名称:	
Tempest Fighter Aircraft	
研制国家:	英国
制造厂商:	霍克公司
重要型号:	Mk 1/2/3/4/5/6
生产数量:	1702架
生产时间:	1943~1947年
主要用户:	英国空军、新西兰空军、印度空军、加拿大空军

World War Ⅱ Weapons

基本参数	
长度	10.26米
高度	4.9米
翼展	12.49米
重量	4195千克
最大速度	698千米/小时
最大航程	1190千米

"流星"战斗机

"流星"战斗机是英国首架喷气式战斗机，也是二战期间盟军第一架拥有实战记录的喷气式战斗机。

"流星"战斗机采用全金属机身、前三点起落架布局和传统平直翼。两台劳斯莱斯涡轮喷气发动机埋入机翼中段。机载武器方面，该机装有4门西斯潘诺20毫米机炮，翼下可挂载16枚RP-3航空火箭弹或8枚12.7毫米高速空用火箭，还可携带2枚454千克炸弹。

总体而言，"流星"战斗机的设计相当传统，尽管采用了当时革命性的喷气式发动机，但并没有使用诸如后掠翼等利用空气动力学特性的设计。即使是经过大范围重新设计，"流星"战斗机仍旧在跨音速飞行中出现非常不稳定的情况。

英文名称：	Meteor Fighter Aircraft
研制国家：	英国
制造厂商：	格罗斯特飞机公司
重要型号：	F.1/2/3/4/6/8、FR.5/9、T.7
生产数量：	3947架
生产时间：	1943～1955年
主要用户：	英国空军、澳大利亚空军、法国空军、新西兰空军

World War II Weapons

基本参数	
长度	13.59米
高度	3.96米
翼展	11.32米
重量	4846千克
最大速度	970千米/小时
最大航程	970千米

"蚊"式轰炸机

"蚊"式轰炸机是英国在二战初期研制的轰炸机，它以木材为主要材料，有"木制奇迹"之誉。

"蚊"式轰炸机采用全木结构，这在20世纪40年代的飞机中已经非常少见。该机的起落架、发动机、控制翼面安装点、翼身结合点等受到立体应力的地方全采用金属锻件或铸件，整机全部金属锻件和铸件的总重量只有130千克。尽管"蚊式"轰炸机在生产过程中不断进行经历改进，但基本结构始终不变。

"蚊"式轰炸机的翼载荷较高，低空飞行很平稳，但也导致降落速度过高。该机最严重的问题之一就是进出座舱相当不便，下方舱门尺寸很小。"蚊"式轰炸机改型较多，除了担任日间轰炸任务以外，还有夜间战斗机、侦察机等多种衍生型。"蚊"式轰炸机的生存性能好，在整个战争期间创造了英国空军轰炸机作战生存率的最佳纪录。

英文名称：	
Mosquito Bomber Aircraft	
研制国家：	英国
制造厂商：	德·哈维兰公司
重要型号：	Mk 4/5/7/9
生产数量：	7781架
服役时间：	1941～1955年
主要用户：	英国空军、加拿大空军、澳大利亚空军

World War II Weapons

基本参数	
长度	13.57米
高度	5.3米
翼展	16.52米
重量	6490千克
最大速度	668千米/小时
最大航程	2400千米

第 4 章 英国二战武器

▲ "蚊"式轰炸机准备起飞

▼ "蚊"式轰炸机在高空飞行

"哈利法克斯" 轰炸机

"哈利法克斯"轰炸机是一种四引擎重型轰炸机，主要用于夜间轰炸。该机于1939年10月25日首次试飞，1940年11月13日首先装备英国空军第35航空中队，1941年3月10日至11日间执行第一次战斗任务。

"哈利法克斯"轰炸机有多种型号，Mk 1型装备梅林Ⅹ型发动机，有2挺机首机枪，背部没有机枪塔；Mk 2型装备梅林ⅩⅩS型发动机，加装配备4挺机枪的背部机枪塔，并采用了较大的头部整流罩，增大了机鼻；Mk 3型的翼展从30.12米增加到31.75米；Mk 5型安装了着陆控制器；Mk 6型安装了"武仙座"100型发动机；Mk 7型增加了燃油量，以增大航程。

英文名称：	
Halifax Bomber Aircraft	
研制国家：	英国
制造厂商：	亨德里·佩奇公司
重要型号：	Mk 1/2/3/5/6/7
生产数量：	6176架
生产时间：	1940～1945年
主要用户：	英国空军、澳大利亚空军、法国空军

World War Ⅱ
Weapons

基本参数	
长度	21.82米
高度	6.32米
翼展	31.75米
重量	19278千克
最大速度	454千米/小时
最大航程	3000千米

第 4 章 英国二战武器

"兰开斯特" 轰炸机

"兰开斯特"轰炸机是二战时期英国的战略轰炸机，1942年开始批量生产。该机采用常规布局，具有一副长长的梯形悬臂中单机翼，四台发动机均安置在机翼上。近矩形断面的机身前部，是一个集中了空勤人员的驾驶舱，机身下部为宽大的炸弹舱，椭圆形双垂尾、可收放后三点起落架与当时流行的重型轰炸机毫无二致。

"兰开斯特"轰炸机硕大的弹舱内可灵活选挂形形色色的炸弹，除113千克常规炸弹外，还可半裸悬挂各式巨型炸弹，用于对特殊目标的打击。该机的机身结构尚属坚固，但其设计存在较大问题。由于没有装设机腹炮塔，对于下方来的敌机，无法反击。德军很快就发现了这个弱点，他们往往从后下方接近，然后利用倾斜式机炮猛轰机腹，轻而易举即可摧毁"兰开斯特"轰炸机。

英文名称：
Lancaster Bomber Aircraft
研制国家：英国
制造厂商：阿芙罗公司
重要型号：B1/2/3/4/5/6/7/10
生产数量：7377架
服役时间：1942～1963年
主要用户：英国空军、加拿大空军、澳大利亚空军

World War Ⅱ
Weapons

基本参数	
长度	21.11米
高度	6.25米
翼展	31.09米
重量	16571千克
最大速度	454千米/小时
最大航程	4073千米

▲ "兰开斯特"轰炸机在高空飞行

▼ "兰开斯特"轰炸机正面视角

"皇家方舟"号航空母舰

"皇家方舟"号航空母舰是英国海军在二战前全新设计的航空母舰,开创了现代航空母舰的新纪元。

该舰的舰体长宽比为7.6：1,舰体采用高干舷,舰艏设计成封闭型,将飞行甲板作为强力甲板,两层封闭式机库包括在舰体结构中。舰体大量采用焊接工艺,以节省结构重量。飞行甲板在舰艏和舰艉加装了向下倾斜的外伸板,以减少飞行甲板的乱流,前端安装2台液压弹射器,有3部升降机。舰桥、烟囱一体化的岛式上层建筑位于右舷。舰体要害部位铺设有装甲,可抵御500磅(227千克)炸弹的攻击。

二战中,"皇家方舟"号航空母舰的俯冲轰炸机炸沉了德国"柯尼斯堡"号巡洋舰,而它参加的最著名的战斗是1941年5月围歼德国"俾斯麦"号战列舰,"皇家方舟"号航空母舰的鱼雷轰炸机打坏其船舵,为英国舰队最后击沉"俾斯麦"号战列舰争取了时间。1941年11月,"皇家方舟"号航空母舰被德国U-81潜艇击沉。

英文名称:	HMS Ark Royal（91）
研制国家:	英国
制造厂商:	凯莫尔·莱尔德造船厂
舰名由来:	继承古舰名
生产数量:	1艘
生产时间:	1935～1938年
主要用户:	英国海军

World War II Weapons

基本参数	
标准排水量	22000吨
满载排水量	28160吨
长度	240米
宽度	28.9米
吃水深度	8.7米
最大速度	30节

"部族"级驱逐舰

"部族"级驱逐舰是二战时期英国海军的主力驱逐舰,英国海军的16艘同级舰在1938年5月至1939年3月间建成。1942~1945年间,澳大利亚也建造了3艘"部族"级驱逐舰。此外,加拿大也订购了8艘"部族"级改进型,在1942~1948年间建成。

"部族"级驱逐舰的4座双联装舰炮分别安装在A、B、X、Y炮位,火炮为QF Mk XII型102毫米炮。防空武器是1门四联装40毫米高射炮,安置在X炮位甲板的前端,备弹14400发。2座四联装12.7毫米高射机枪装设在船体中部,位于两个烟囱之间,备弹10000发。1座四联装533毫米鱼雷发射管则装在后烟囱后面。舰艉有一条较短的深水炸弹投放轨,能够容纳3枚深水炸弹。在X炮位甲板有2座深水炸弹抛射器,分别布置在后桅杆两侧,全舰共计能够装载30枚深水炸弹。

英文名称:	Tribal Class Destroyer
研制国家:	英国
制造厂商:	费尔菲尔德造船与工程公司
舰名由来:	民族命名法
生产数量:	27艘
生产时间:	1938~1948年
主要用户:	英国海军

World War II Weapons

基本参数	
标准排水量	1884吨
满载排水量	2560吨
长度	115米
宽度	11.1米
吃水深度	3.4米
最大速度	36节

"战斗"级驱逐舰

"战斗"级驱逐舰是英国在二战初期研制的驱逐舰。其外形美观大方，是英国海军第一批装备了稳定鳍的舰艇，航行时十分稳定，并具有良好的操纵性能。该级舰的武器装备以防空火炮为主，主要包括：4门MK Ⅲ型114毫米速射炮、1门MK ⅪX型100毫米高平两用火炮、8门40毫米博福斯火炮、6门20毫米厄利空火炮、1门维克斯303型火炮。除火炮之外，还安装了2座四联装鱼雷发射管（发射8枚MK Ⅸ鱼雷）、4个深水炸弹投掷器和2条滑轨，一共携带60枚深水炸弹。

"战斗"级驱逐舰设计之初是为对付德国的轰炸机，不过等到这些舰艇在1944年后逐步进入现役时，盟军在欧洲已进入反攻阶段，"战斗"级驱逐舰已派不上用场。因此英国决定把它们调往太平洋，参加对日本的战斗，但最终也没能参加实战。

英文名称：	Battle Class Destroyer
研制国家：	英国
制造厂商：	维克斯·阿姆斯特朗造船厂
舰名由来：	古战场命名法
生产数量：	26艘
生产时间：	1942～1951年
主要用户：	英国海军、澳大利亚海军

World War Ⅱ Weapons

基本参数	
标准排水量	2480吨
满载排水量	3430吨
长度	119米
宽度	12.3米
吃水深度	4.7米
最大速度	30.5节

李-恩菲尔德手动步枪

　　李-恩菲尔德手动步枪是1895～1956年英军的制式手动步枪，有大量衍生型，也是英联邦国家的制式装备，包括加拿大、新西兰、澳大利亚及印度等。李-恩菲尔德手动步枪是实战中射速最快的旋转后拉式枪机之一，而且具有可靠性强、操作方便的优点。在一战的堑壕战中，它迅猛的火力给敌人留下了深刻的印象。到了二战时期，李-恩菲尔德手动步枪仍然是英联邦国家的重要步兵武器。

　　李-恩菲尔德手动步枪的特点在于采用由詹姆斯·李发明的后端闭锁旋转后拉式枪机和盒式可卸式弹匣，与前端闭锁枪相比，后端闭锁可以缩短枪机行程，装填子弹的速度较快。该枪使用双排弹夹装弹（在使用中弹匣不拆卸，子弹由两个5发弹夹通过机匣顶部填装），这样就有10发子弹，持续火力远高于同时代的5发子弹步枪。

英文名称：	Lee-Enfield Rifle
研制国家：	英国
制造厂商：	皇家兵工厂
重要型号：	MLE Mk Ⅰ、SMLE Mk Ⅰ/Ⅲ
生产数量：	1700万支以上
生产时间：	1895年至今
主要用户：	英国陆军、加拿大陆军、新西兰陆军、澳大利亚陆军、印度陆军

World War Ⅱ
Weapons

基本参数	
口径	7.7毫米
全长	1118毫米
枪管长	767毫米
重量	4.19千克
最大射速	30发/分
有效射程	503米
弹容量	10发

第 4 章 英国二战武器

▲ 加装瞄准镜的李-恩菲尔德手动步枪

▼ 拆解后的李-恩菲尔德手动步枪

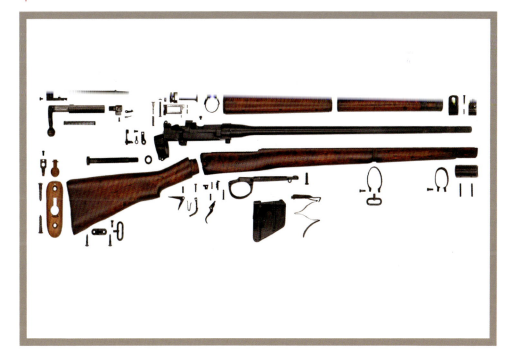

斯登冲锋枪

斯登冲锋枪是英国在二战时期大量制造及装备的9×19毫米冲锋枪,英军一直采用至20世纪60年代。这种冲锋枪外观粗糙,而且它的英文名称"STENs"(复数形式)和英文的"恶臭"(Stench)发音相似,使它获得了"臭气枪"的绰号。此外,由于斯登冲锋枪的成本很低,也有人嘲讽它为"伍尔沃思玩具枪"(伍尔沃思是一个出售便宜小商品的美国商人)。

斯登冲锋枪采用简单的内部设计,横置式弹匣、开放式枪机、后坐作用原理,弹匣装上后可充当前握把。斯登冲锋枪使用9毫米口径枪弹,可在室内与堑壕战中发挥持久火力。此外,斯登冲锋枪的紧凑外形与较轻的重量让它具备绝佳的灵活性。斯登冲锋枪的弊端也不少,如射击精准度不佳、经常走火、极易因供弹可靠性差而卡弹。

英文名称:	STEN Submachine Gun
研制国家:	英国
制造厂商:	皇家轻武器兵工厂
重要型号:	Mk 1/2/3/4/5
生产数量:	400万挺
生产时间:	1941~1945年
主要用户:	英国陆军、澳大利亚陆军、加拿大陆军

World War Ⅱ
Weapons

基本参数	
口径	9毫米
全长	760毫米
枪管长	196毫米
重量	3.18千克
最大射速	600发/分
有效射程	100米
弹容量	32发

刘易斯轻机枪

刘易斯轻机枪最初由塞缪尔·麦肯林设计，后来由美国陆军上校刘易斯完成研发工作。1915年起，英国军队将刘易斯轻机枪选作制式轻机枪。该枪经历过两次世界大战，曾经广泛装备英联邦国家。

刘易斯轻机枪有两个特征。一个是采用粗大的散热筒包着枪管，作用是在开火时将空气吸入筒中以便冷却枪管，但后来证实它的冷却效果极其有限并且会增加枪重。另一个特征是枪身上方的弹鼓，刘易斯轻机枪配备的是47发弹鼓，采用中心固定式，开火时弹鼓轴承转动把子弹推入枪内。

刘易斯轻机枪也是最早的航空机枪之一，它成为多乘员飞机上观察员/机枪手的标准武器。作为航空机枪时，通常会把原来的步枪式枪托改为铁铲式的把手，这样更方便在上下翻腾的飞机上射击目标。

英文名称：	Lewis Light Machine Gun
研制国家：	英国
制造厂商：	伯明翰轻武器公司
重要型号：	Mk 1/2/3/4
生产数量：	15万挺
生产时间：	1913－1942年
主要用户：	英国陆军

World War II Weapons

基本参数	
口径	7.7毫米
全长	1280毫米
枪管长	670毫米
重量	13千克
最大射速	600发/分
有效射程	800米
弹容量	47发

布伦轻机枪

　　布伦轻机枪是英国在二战中装备的主要轻机枪，也是二战中最好的轻机枪之一。布伦轻机枪的前身是捷克斯洛伐克设计的ZB-26轻机枪，1933年被英国军方选中，随后根据英国军方的要求进行改进，1935年正式开始生产。

　　布伦轻机枪采用导气式工作原理，枪机偏转式闭锁方式。枪口装有喇叭状消焰器，在导气管前端有气体调节器，并设有4个调节挡，每一挡对应不同直径的通气孔，可以调整枪弹发射时进入导气装置的火药气体量。其拉机柄可折叠，并在拉机柄、供弹口、抛壳口等开口处设有防尘盖。布伦轻机枪的口径为7.7毫米（后增加7.62毫米口径，另外还有7.92毫米口径），能够发射英军标准步枪弹，使用20发弹匣供弹。

英文名称：	Bren Light Machine Gun
研制国家：	英国
制造厂商：	皇家轻武器兵工厂
重要型号：	Mk 1/2/3/4
生产数量：	75万挺
生产时间：	1935～1971年
主要用户：	英国陆军、加拿大陆军、澳大利亚陆军、新西兰陆军

World War Ⅱ Weapons

基本参数	
口径	7.7毫米
全长	1156毫米
枪管长	635毫米
重量	10.35千克
最大射速	520发/分
有效射程	550米
弹容量	30发

维克斯中型机枪

维克斯机枪是一战与二战期间英国军队所使用的中型机枪,其设计优异,在世界战争史上赫赫有名。维克斯机枪是马克沁机枪的衍生产品,基于后者成功的设计,维克斯机枪做了一系列改进。

与马克沁机枪相比,维克斯机枪具有重量较轻、体形较小、供弹出色等特点。其口径为7.7毫米,可以使用与英军制式步枪相同的子弹。为了避免在持续的射击中过热,维克斯机枪配备了可快速更换的枪管。一般来说,维克斯机枪连续发射约3000发子弹后,冷却筒的水就会达到沸点。维克斯机枪的弹链长达8.2米,这也是它最为人津津乐道的特点。

英文名称:	Vickers Medium Machine Gun
研制国家:	英国
制造厂商:	维克斯公司
重要型号:	Mk 1/2/3/4
生产数量:	50万挺
生产时间:	1912—1968年
主要用户:	英国陆军、加拿大陆军、澳大利亚陆军、新西兰陆军

World War Ⅱ
Weapons

基本参数	
口径	7.7毫米
全长	1120毫米
枪管长	720毫米
重量	23千克
最大射速	500发/分
有效射程	2000米
弹容量	250发

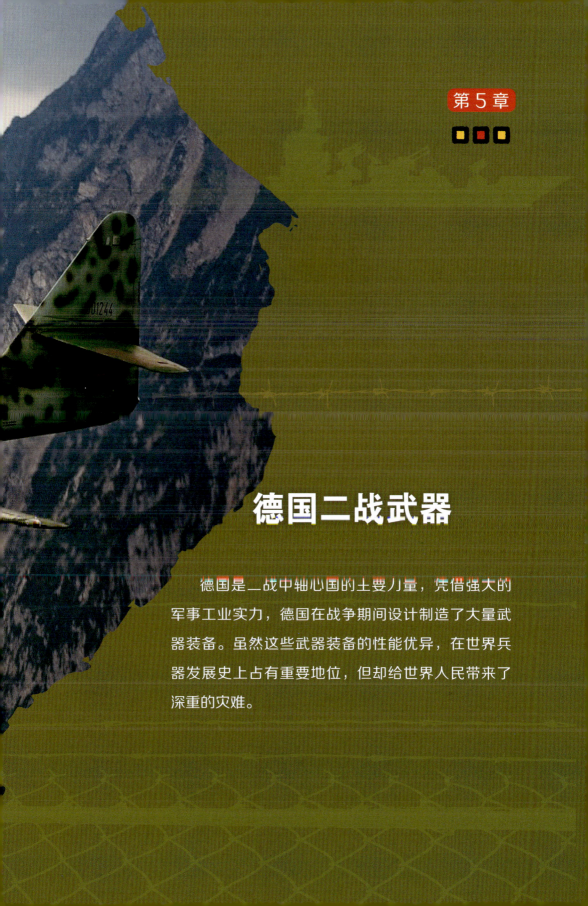

第 5 章

德国二战武器

德国是二战中轴心国的主要力量,凭借强大的军事工业实力,德国在战争期间设计制造了大量武器装备。虽然这些武器装备的性能优异,在世界兵器发展史上占有重要地位,但却给世界人民带来了深重的灾难。

经典二战武器鉴赏指南

三号中型坦克

三号坦克是德国于20世纪30年代研制的中型坦克,并在二战期间广泛使用。

三号坦克A型~C型的车体四周均装有滚轧均质钢制成的15毫米轻型装甲,而顶部和底部分别装上10毫米及5毫米的同类装甲。后来生产的三号坦克D型、E型、F型及G型换装新的30毫米装甲,但在法国战场上仍然无法防御英军2磅炮的射击。之后的H型、J型、L型及M型遂在坦克正后方的表面覆上另一层30~50毫米的装甲,导致三号坦克无法有效率地作战。

早期生产的三号坦克(A型~E型,以及少量F型)安装由PAK36反坦克炮所修改而成的37毫米坦克炮,后来生产的三号坦克F型~M型都改装50毫米KwK38 L/42及KwK39 L/60型火炮,备弹99发。1942年生产的N型换装75毫米KwK37 L/24低速炮,备弹64发。辅助武器方面,三号坦克各个型号都装有2~3挺7.92毫米MG34机枪。

英文名称:	Panzer III Medium Tank
研制国家:	德国
制造厂商:	戴姆勒·奔驰公司
重要型号:	Ausf A/B/C/D/E/F/G/H/J/L/M
生产数量:	5774辆
生产时间:	1939~1943年
主要用户:	德国陆军

World War II Weapons

基本参数	
长度	5.56米
宽度	2.9米
高度	2.5米
重量	23吨
最大速度	40千米/小时
最大行程	165千米

四号中型坦克

四号坦克是德国在战间期研制的中型坦克，也是德国在二战中产量最大的一种坦克。

四号坦克有多种型号，其装甲厚度各不相同，A型的侧面装甲厚度15毫米，顶部和底部分别为10毫米和5毫米。反坦克型的四号坦克装甲厚度得到大幅增强，其中B型装甲厚度为30毫米，E型50毫米，H型达80毫米。而且许多四号坦克还添加了附加装甲层，且常在车身涂上一层防磁覆盖物。早期型号的四号坦克采用170千瓦的迈巴赫HL108 TR发动机，后期型号改为235千瓦的迈巴赫HL 120 TRM发动机。

四号坦克采用1门75毫米火炮，最初型号为KwK 37 L/24，主要配备高爆弹用于攻击敌方步兵。后来为了对付苏联T-34坦克，便为F2型和G型安装了75毫米KwK 40 L/42反坦克炮，更晚的型号则使用了威力更强的75毫米KwK 40 L/48反坦克炮。四号坦克的辅助武器为2挺7.92毫米MG 34机枪，主要用于对付敌方步兵。

英文名称	Panzer IV Medium Tank
研制国家	德国
制造厂商	克虏伯公司
重要型号	Ausf A/B/C/D/E/F/G/H/J
生产数量	8553辆
生产时间	1936~1945年
主要用户	德国陆军、罗马尼亚陆军、匈牙利陆军、意大利陆军

World War II
Weapons

基本参数	
长度	5.92米
宽度	2.88米
高度	2.68米
重量	25吨
最大速度	42千米/小时
最大行程	200千米

"豹"式中型坦克

"豹"式中型坦克是二战期间德国最出色的坦克之一，又称为五号坦克。该坦克主要在东线战场服役，但也在1944年盟军登陆诺曼底后驻守于法国境内。

"豹"式坦克的倾斜装甲采用同质钢板，经过焊接及锁扣后非常坚固。整个装甲只留有两个开孔，分别提供给机枪手和驾驶员使用。最初生产的"豹"式坦克只有60毫米的倾斜装甲，但不久就加厚至80毫米，而D型以后的型号更把炮塔装甲加强至120毫米，以保护炮塔的前端。车体两侧装有5毫米厚的裙边，以抵挡磁性地雷的攻击。

"豹"式坦克的主要武器为莱茵金属公司生产的75毫米半自动KwK42 L/70火炮，通常备弹79发（G型为82发），可发射被帽穿甲弹、高爆弹和高速穿甲弹等。该炮的炮管较长，推动力强大，可提供高速发炮能力。此外，"豹"式坦克的瞄准器敏感度较低，击中敌人更容易。因此，尽管"豹"式坦克的火炮口径不大，却是二战中最具威力的坦克炮之一。"豹"式坦克还装有2挺MG34机枪，分别安装于炮塔上及车身斜面上。

英文名称：	Panther Medium Tank
研制国家：	德国
制造厂商：	曼公司
重要型号：	Ausf A/D/G
生产数量：	6000辆
生产时间：	1943～1945年
主要用户：	德国陆军

World War II Weapons

基本参数	
长度	8.66米
宽度	3.42米
高度	3.00米
重量	44.8吨
最大速度	55千米/小时
最大行程	250千米

第 5 章 德国二战武器

▲ 保存至今的"豹"式坦克

▼ 保存在比利时胡法利兹的"豹"式坦克

经典二战武器鉴赏指南

"虎"式重型坦克

"虎"式坦克又称为六号坦克或"虎"I坦克，自1942年进入德国陆军服役至1945年投降为止。

"虎"式坦克的外形设计极为精简，履带上方装有长盒形的侧裙。该坦克车体前方装甲厚度为100毫米，炮塔正前方装甲则厚达120毫米。两侧和车尾也有80毫米厚的装甲。二战时期，这种装甲厚度能够抵挡大多数交战距离的反坦克炮弹。"虎"式坦克的车顶装甲较为薄弱，仅有25毫米。为了增强防护力和攻击力，"虎"式坦克适度牺牲了机动性能，但在同时期的重型坦克中仍处于前列。

"虎"式坦克的主要武器是1门88毫米KwK 36 L/56火炮，精准度较高，是二战时期杀伤效率较高的坦克炮之一。该炮可装载多种弹药，包括PzGr.39弹道穿甲爆破弹、PzGr.40亚口径钨芯穿甲弹和HI.Gr.39型高爆弹。"虎"式坦克所发射的炮弹能在1000米距离上轻易贯穿130毫米装甲。辅助武器方面，"虎"式坦克装有2挺7.92毫米MG34机枪。

英文名称：	Tiger Heavy Tank
研制国家：	德国
制造厂商：	亨舍尔公司
重要型号：	Ausf E/H1
生产数量：	1347辆
生产时间：	1942～1944年
主要用户：	德国陆军

World War II Weapons

基本参数	
长度	6.32米
宽度	3.56米
高度	3米
重量	54吨
最大速度	45千米/小时
最大行程	195千米

第 5 章 德国二战武器

▲ "虎"式坦克侧前方视角

▼ "虎"式坦克旋转炮塔

"虎王" 重型坦克

"虎王"坦克是德国在二后期研制的重型坦克，又称为"虎"Ⅱ坦克。该坦克参加了二战后期欧洲战场的许多战役，直到最后还参加了标志着欧洲战场结束的柏林战役。

"虎王"坦克的车身前装甲厚度为100～150毫米，侧装甲和后装甲厚度为80毫米，底部和顶部装甲厚度为28毫米。炮塔的前装甲厚度为180毫米，侧装甲和后装甲厚度为80毫米，顶部装甲厚度为42毫米。即使在近距离上，同时期内也很少有火炮能摧毁它的正面装甲。不过，"虎王"坦克的侧面装甲还是能被盟军坦克摧毁。由于重量极大，且耗油量大，"虎王"坦克的机动性能较差。

"虎王"坦克安装了1门88毫米KwK 43 L/71型坦克炮，身管长达6.3米，可发射穿甲弹、破甲弹和榴弹，具备在2000米的距离上击穿美国M4"谢尔曼"中型坦克主装甲的能力。辅助武器方面，"虎王"坦克安装了3挺MG34/MG42型7.92毫米机枪，备弹5850发，用于本车防御和对空射击。

英文名称：	King Tiger Heavy Tank
研制国家：	德国
制造厂商：	亨舍尔公司
重要型号：	Ausf B
生产数量：	492辆
生产时间：	1943～1945年
主要用户：	德国陆军

World War Ⅱ Weapons

基本参数	
长度	7.38米
宽度	3.76米
高度	3.09米
重量	69.8吨
最大速度	42千米/小时
最大行程	170千米

SdKfz250 半履带装甲车

SdKfz250装甲车是德国在二战时期设计生产的半履带装甲车，1939年被德军采用，作为制式的半履带装甲车。

SdKfz250半履带装甲车是利用德马格公司车重仅1吨的D7半履带式输送车底盘研制的，行动部分的前部是轮式，后部为履带式。履带部分占车辆全长的3/4，车体每侧有4个负重轮，比D7半履带式输送车少1个，从而缩短了底盘的长度。主动轮在前，诱导轮在后，负重轮交错排列。履带是金属的，每条履带由38块带橡胶垫的履带板组成。

与当时德国其他的半履带车辆一样，SdKfz 250半履带装甲车采用一种新的转向方法，即在公路上行驶时，只需操纵方向盘，利用前轮来转向；在需要做小半径转向或在越野行驶时，则用科莱特拉克转向机构来转向，最小转向半径为5米。

德文名称：	Sonderkraftfahrzeug 250
研制国家：	德国
制造厂商：	德马格公司
重要型号：	
SdKfz 250/1/2/3/4/5/6/7/8/9/10	
生产数量：	6628辆
生产时间：	1941～1945年
主要用户：	德国陆军

World War Ⅱ
Weapons

基本参数	
长度	4.56米
宽度	1.95米
高度	1.66米
重量	5.8吨
最大速度	76千米/小时
最大行程	320千米

SdKfz251 半履带装甲车

SdKfz251半履带装甲车是根据二战德国早期装甲部队步兵与坦克的协同战术设计和生产的通用性半履带车，共有超过20种子型号，为德军在二战中使用的核心步兵战斗载具，几乎参加了二战期间德军所有重大战斗。

SdKfz251半履带装甲车采用了当时不多见的半履带传送运动方式，以增加在恶劣地形下的越野能力，并能运载12名步兵。该车使用迈巴赫HL 42发动机，功率为74千瓦。SdKfz 251半履带装甲车的前方装甲厚14.5毫米，侧面厚8毫米，底盘厚6毫米。该车的半履带结构使维修和保养比较复杂，也大大增加了非战斗损耗，在公路上的行进效果比不上轮式车辆，在泥泞等复杂地形上又不如坦克，而且其前轮不具备动力，也没有刹车功能，只负责转向导向。

德文名称	Sonderkraftfahrzeug 251
研制国家	德国
制造厂商	哈诺玛格公司
重要型号	SdKfz 251/1/2/3/4/5/6/7/8/9/10/11
生产数量	15252辆
生产时间	1939～1945年
主要用户	德国陆军

World War II Weapons

基本参数	
长度	5.8米
宽度	2.1米
高度	1.75米
重量	7.81吨
最大速度	52千米/小时
最大行程	300千米

"猎豹"坦克歼击车

"猎豹"坦克歼击车由克虏伯公司于1942年1月开始设计，11月16日制成全尺寸模型，1943年12月正式定名。

"猎豹"坦克歼击车采用"豹"式中型坦克的底盘，保留了原车的动力装置和低矮车体，增加了一种新的上部结构。单从外形上看，"猎豹"坦克歼击车的前倾斜甲板一直延伸到顶部，简洁明快，由于其基型的底盘略有不同，使其前后生产型的外观特点也有所不同。

"猎豹"坦克歼击车在很多方面具有"豹"式中型坦克的特征，但它的火力比后者强，配备1门Pak43L/71式88毫米火炮，且身管长度和"虎王"重型坦克相差无几。"猎豹"坦克歼击车正面装甲的厚度与"豹"式中型坦克一样，为80毫米厚、55度倾角的装甲，可以抵御绝大多数盟军坦克的正面攻击，甚至是IS-2重型坦克、"潘兴"坦克都无法在较远距离有效击穿其正面装甲，而"谢尔曼"坦克或T-34坦克更是无能为力。相比之下，"猎豹"坦克歼击车可以在2000米距离击毁大部分盟军坦克。

德文名称	Jagdpanther
研制国家	德国
制造厂商	克虏伯公司
重要型号	G1、G2
生产数量	415辆
生产时间	1944～1945年
主要用户	德国陆军

World War II Weapons

基本参数	
长度	9.87米
宽度	3.42米
高度	2.71米
重量	45.5吨
最大速度	46千米/小时
最大行程	160千米

"猎虎"坦克歼击车

"猎虎"坦克歼击车是德国在二战后期以"虎王"重型坦克的底盘以及部件改造而成的履带式坦克歼击车。

"猎虎"坦克歼击车安装了1门128毫米PaK44 L/55型火炮（取自"鼠"式重型坦克），还有少部分装备的是88毫米火炮。辅助武器是2挺用于防空和自卫的MG34机枪或MG42机枪。"猎虎"坦克歼击车的主炮是二战中威力最强大的反坦克炮，它可以轻易地在盟军绝大多数火炮的射程范围以外击毁盟军的坦克。

"猎虎"坦克歼击车的总体布局与"虎王"重型坦克相同，但是由于取消了旋转炮塔，侧装甲板延伸到车体顶部，再加上乘员增至6人，使得舱门位置有了相当大的变化。"猎虎"坦克歼击车的防护性能相当不错，战斗室正面的装甲厚度达到了250毫米，超过了"虎王"重型坦克炮塔最厚部位的装甲厚度。

德文名称：	Jagdtiger
研制国家：	德国
制造厂商：	亨舍尔公司
重要型号：	Ausf B
生产数量：	88辆
生产时间：	1944~1945年
主要用户：	德国陆军

World War II Weapons

基本参数	
长度	10.65米
宽度	3.6米
高度	2.8米
重量	71.7吨
最大速度	34千米/小时
最大行程	120千米

▲ "猎虎"坦克歼击车正面视角

▼ "猎虎"坦克歼击车侧前方视角

"蟋蟀"自行火炮

"蟋蟀"自行火炮是一种履带式自行火炮，主要装备于德军的装甲师和装甲掷弹兵师。该自行火炮分为H型和K型。H型是在捷克斯洛伐克LT-38H轻型坦克的底盘上加装一门150毫米sIG 33步兵炮而成，K型则是基于LT-38M轻型坦克底盘。与H型不同，K型的主炮被安装在车身的后部。

H型的车体前装甲厚度为50毫米，上层结构的前装甲为25毫米。由于主炮被安装在车体前端，导致车辆重量分布不均，使得行驶过程中稳定性较差。相比之下，K型将主炮移至车体后部，从而实现了车身的平衡。H型能够携带15发炮弹，K型能携带18发。两种型号均配备1挺7.92毫米MG34通用机枪作为辅助武器，备弹量为600发。

英文名称：	
Grille Self-propelled Artillery	
研制国家：德国	
制造厂商：	
克虏伯公司、莱茵金属公司	
重要型号：Grille Ausf. H、Grille Ausf. K	
生产数量：390辆	
生产时间：1943～1944年	
主要用户：德国陆军	

World War II Weapons

基本参数	
长度	4.95米
宽度	2.15米
高度	2.47米
重量	11.5吨
最大速度	35千米/小时
最大行程	190千米

"黄蜂"自行火炮

"黄蜂"自行火炮是一种基于二号坦克底盘改造而来的履带式自行火炮，于1943年首次在东线投入作战。它们与"野蜂"自行火炮一同被分配到各装甲师的装甲炮兵营中。从1943年2月到1944年中期，"黄蜂"自行火炮的生产持续进行，共生产了676辆，另有159辆无武装的弹药运输车被制造出来。

"黄蜂"自行火炮的装甲厚度为5～30毫米，提供了一定程度的保护。动力装置为一台迈巴赫HL 62TR发动机，最大公路速度为40千米/小时，最大越野速度为20千米/小时。车内有5名车组人员，驾驶员位于车体前部偏右的位置，车长位于主炮的右侧，炮长位于主炮的左侧，在车长和炮长的后面各有一名装填手。

"黄蜂"自行火炮的主要武器是1门105毫米leFH 18M L/28榴弹炮，备弹32发。辅助武器为1挺7.92毫米机枪，备弹600发。

英文名称：Wespe Self-propelled Artillery	
研制国家：德国	
制造厂商：法莫-乌尔苏斯工厂	
重要型号：Sd.Kfz. 124	
生产数量：676辆	
生产时间：1943～1944年	
主要用户：德国陆军	

World War II Weapons

基本参数	
长度	4.81米
宽度	2.28米
高度	2.3米
重量	11吨
最大速度	40千米/小时
最大行程	220千米

"野蜂"自行火炮

"野蜂"自行火炮的研发始于1942年,最初的方案是利用三号坦克底盘搭载一门105毫米LeFH 17榴弹炮,仅制造了一辆原型车。随后,替代方案采用了特别设计的三号/四号坦克混合底盘,并搭载了一门150毫米sFH 18榴弹炮。

"野蜂"自行火炮在车体后方有一个顶部开放式战斗室,并有10毫米的装甲围绕以保护乘员与火炮,发动机移至车体中央以腾出空间给战斗室。由于"野蜂"自行火炮只能携带18发炮弹,所以需要"野蜂"弹药运输车协同作战。"野蜂"弹药运输车没有装备火炮,但有置弹架以便输送弹药。如果情势需要,"野蜂"弹药运输车也可在战场装上榴弹炮,变成标准"野蜂"自行火炮作战。二战期间,德国共生产了714辆"野蜂"自行火炮及大约150辆"野蜂"弹药运输车。

英文名称:	
Hummel Self-propelled Artillery	
研制国家:	德国
制造厂商:	德意志钢铁工程公司
重要型号:	Sd.Kfz.165
生产数量:	714辆
生产时间:	1943~1945年
主要用户:	德国陆军

World War II Weapons

基本参数	
长度	7.17米
宽度	2.97米
高度	2.81米
重量	24吨
最大速度	42千米/小时
最大行程	215千米

"卡尔"臼炮

"卡尔"臼炮是德国在二战期间研制的超重型履带式自行迫击炮,共制造了6辆,分别命名为"亚当""爱娃""多尔""奥丁""洛基"和"迪沃"。

"卡尔"臼炮装备有1门600毫米的迫击炮,其俯仰角度范围为+55度至+70度,回旋角度为中心线左右各4度。该臼炮能够通过自身的履带进行短距离移动以及炮位和射界的调整,但其最高速度仅为10千米/小时,因此长距离移动时仍需依赖火车运输。操作"卡尔"臼炮需要16名人员,装弹前必须将炮管放平以进行填装。为了避免火炮后坐力导致频繁的炮位调整,"卡尔"臼炮利用液压悬挂系统将车身降低至接近地面,以增强稳定性。在战斗状态下,"卡尔"臼炮的射击频率为每小时6~12次。

英文名称	Karl Mortar
研制国家	德国
制造厂商	莱茵金属公司
重要型号	040、041
生产数量	6辆
生产时间	1940~1941年
主要用户	德国陆军

World War Ⅱ Weapons

基本参数	
长度	11.15米
宽度	3.16米
高度	4.38米
重量	124吨
最大速度	10千米/小时
最大行程	60千米

经典二战武器鉴赏指南

"古斯塔夫"列车炮

"古斯塔夫"列车炮的研发始于1934年，其设计初衷是为前线部队提供曲射支援火力，以摧毁当时各国陆军依赖的大型要塞和巨型碉堡。德国共制造了2辆这种列车炮，第二门被命名为"多拉"。"古斯塔夫"列车炮在1942年首次投入实战，参与了对苏联塞瓦斯托波尔要塞的攻击行动。在这场战役中，"古斯塔夫"列车炮共发射了48枚炮弹。之后，它被计划用于攻击列宁格勒，但由于德军取消了攻势，该炮未能再次投入实战。

"古斯塔夫"列车炮的主炮口径为800毫米，配备了两种弹药，一种是重4.8吨的高爆弹，另一种是重7.1吨的混凝土破甲榴弹。由于"古斯塔夫"列车炮体积巨大，必须由250人花费3天时间组装起来，另外还需要将近一个旅大约2500人负责铺设铁轨，以及支援空防或其他勤务。

英文名称：	Gustav Railway Gun
研制国家：	德国
制造厂商：	克虏伯公司
重要型号：	Gustav、Dora
生产数量：	2辆
生产时间：	1941年
主要用户：	德国陆军

World War Ⅱ
Weapons

基本参数	
长度	47.3米
宽度	7.1米
高度	11.6米
重量	1350吨
有效射程	39千米
最大射程	47千米

sFH 18榴弹炮

　　sFH 18榴弹炮是德国在二战期间研制的150毫米重型榴弹炮，其名称中的"s"是德语"远程"的开头字母。虽然sFH 18是为了"闪电战"的需求而设计制造，但是由于德国自身机械化能量不足，不可能让火炮通通使用半履带车拖曳，因此实战中不少sFH 18还是使用马匹拖曳，所以推进速度无法追上真正的机械化部队。加上sFH 18没有安装悬吊系统，即便使用机械车辆拖曳，其速度仍然无法让德军满意。

　　虽然德军在二战中大量采用sFH 18榴弹炮，但此炮与各国的主力榴弹炮相比并不能算是优秀装备，苏联榴弹炮的射程就更具优势。由于德国之后研发的新型大口径榴弹炮都不成功，为了增加sFH 18的射程，德国不得不在1941年设计出火箭推进榴弹并配发至前线，sFH 18也因此成为世界上第一款使用火箭推进榴弹的榴弹炮。

英文名称：	sFH 18 Howitzer
研制国家：	德国
制造厂商：	莱茵金属公司、克虏伯公司
重要型号：	sFH 18、sFH 18M、sFH 18/40
生产数量：	5403门
生产时间：	1933~1945年
主要用户：	德国陆军、意大利陆军、芬兰陆军

World War II Weapons

基本参数	
长度	7.85米
宽度	2.23米
高度	1.71米
重量	6.3吨
最大射速	4发/分
有效射程	13325米

leFH 18榴弹炮

leFH 18榴弹炮是德国在二战期间研制的105毫米轻型榴弹炮，1939年开始在德国国防军服役，其名称中的"le"是德语"近程"的开头字母，"FH"则是"野战榴弹炮"（Field Howitzer）的意思。该炮不仅配属于德军，也获得欧洲许多国家采用。

leFH 18榴弹炮的炮膛机构简单但沉重，配备有液气压缓冲系统。轮毂为木制或钢制，木制型号只能用马匹牵引。尽管这种榴弹炮很难生产，所用炮弹的威力也不如苏联M-30榴弹炮，但它仍然是战场上的多面手，在战争中使用于各个战场。leFH 18榴弹炮的曲射弹道不但可以进行远距离曲射压制射击，而且还能灵活调整火炮弹道，在近距离具有反坦克炮的直射弹道特性，能进行有效的直瞄射击。

英文名称	leFH 18 Howitzer
研制国家	德国
制造厂商	莱茵金属公司
重要型号:	leFH 18、leFH 18M、leFH 18/39
生产数量	6986门
生产时间	1939～1945年
主要用户	德国陆军、匈牙利陆军、西班陆军、芬兰陆军、保加利亚陆军

World War II Weapons

基本参数	
长度	6.1米
宽度	1.98米
高度	1.88米
重量	3.49吨
最大射速	8发/分
有效射程	10675米

▲ leFH 18榴弹炮前方视角

▼ leFH 18榴弹炮后方视角

Flak 36 高射炮

Flak 36高射炮是二战时期德国88毫米系列高射炮中的重要型号，不仅用于防空任务，还经常兼任反坦克炮、远程火炮乃至岸防炮等多重角色。FlaK 37高射炮配备了新型装弹系统，其他方面和Flak 36高射炮没有区别。

Flak 36高射炮的炮管被改进为三段式结构，允许根据炮管磨损情况单独更换相应部分，相较于之前的整管更换更为便捷。其炮管长度为4.94米，俯仰角度范围为-3度至+85度，回旋角度为360度，炮口初速为840米/秒。在攻击地面目标时，其最大射程可达14.86千米；对空射击时，最大射程为9.9千米。Flak 36高射炮的拖车设计从Flak 18高射炮的前后轮布局改为两辆完全相同的充气双轮车。两辆拖车上均设有炮管托架，使得火炮在牵引时可以选择炮管向前或向后的配置，同时也缩短了火炮从行军状态转换到作战状态所需的时间。

英文名称	Flak 36 Anti-aircraft Gun
研制国家	德国
制造厂商	克虏伯公司
重要型号	Flak 36、Flak 37
生产数量	约2万门
生产时间	1936~1945年
主要用户	德国陆军

World War Ⅱ
Weapons

基本参数	
长度	5.79米
宽度	2.3米
高度	2.1米
重量	7.407吨
最大射速	20发/分
最大射程	14.86千米

Flak 40 高射炮

Flak 40高射炮是德国在二战期间研制的128毫米高射炮，是基于Flak 38高射炮放大设计的产物。由于其庞大的体积和重量，该炮主要被部署在固定阵地上执行要地防空任务。最初制造的6门为牵引型号，后续生产的均为固定型火炮。

Flak 40高射炮的炮管采用双节结构，配备半自动水平楔式炮闩和液压复进装置。其炮管长度为7.8米，俯仰角度范围为-3度至+88度，炮座可以360度旋转。Flak 40高射炮主要发射高爆弹和穿甲弹，采用定装式弹药，高爆弹全重47.7千克，弹丸重量26千克，炮口初速为880米/秒；穿甲弹全重46.5千克，弹丸重量26.6千克，炮口初速为860米/秒。Flak 40高射炮对地面目标最大射程为20.9千米，最大射高为14.8千米。

英文名称：
Flak 40 Anti-aircraft Gun

研制国家： 德国

制造厂商： 莱茵金属公司

重要型号： Flak 40

生产数量： 1125门

生产时间： 1942～1945年

主要用户： 德国陆军

World War II Weapons ★★★

基本参数	
长度	9.13米
宽度	2.5米
高度	3.17米
重量	17吨
最大射速	20发/分
最大射程	20.9千米

GrW 34迫击炮

  GrW 34迫击炮是德国在二战期间研制的81毫米口径迫击炮，采用钢制炮管时总重62千克，采用合金炮管时总重57千克。在单兵携带时，这种迫击炮可以分解为炮筒、底座和支架三个部分。GrW 34迫击炮配用的主要弹种是Wurfgranate34弹，该弹长329毫米，重3.5千克，弹径81.4毫米，内装炸药0.55千克。

  GrW 34迫击炮也可发射Wurfgranate 38弹和Wurfgranate 39弹，这两种炮弹都装有长杆引信，使用这种引信，弹体可在距离地面一定高度的地方爆炸，造成空炸效果。另外还有一种Wurfgranate 40弹，被称作Lange Wurfgranate（长弹），长564毫米，重7.5千克，装药量高达5千克。但由于弹丸自重大，其最大射程仅为950米。更为特殊的是专用反坦克弹Wurfgranate 4462弹，其设计主要用于攻击坦克较薄的顶甲，但最终没有大批量使用。

英文名称	GrW 34 Mortar
研制国家	德国
制造厂商	莱茵金属公司
重要型号	GrW 34、GrW 34/1
生产数量	71630门
生产时间	1934～1945年
主要用户	德国陆军

World War II Weapons

基本参数	
口径	81毫米
炮管长	1.143米
重量	62千克
炮口初速	174米/秒
最大射速	25发/分
最大射程	2400米

Pak 38 反坦克炮

Pak 38反坦克炮是德国在二战期间研制的50毫米牵引式反坦克炮，自1940年起服役，并在苏德战场上首次亮相，迅速成为德军反坦克部队的标准装备。直至二战末期，Pak 38反坦克炮仍在战场上发挥作用。

Pak 38反坦克炮的炮管长度为3米，俯仰角度范围为-8度至+27度，回转角度为65度，最大射速为13发/分。该炮能发射多种炮弹，包括高爆榴弹、曳光穿甲弹和钨芯穿甲弹等。在使用高爆榴弹时，炮口初速为549米/秒；在使用曳光穿甲弹时，炮口初速为823米/秒；当使用钨芯穿甲弹时，炮口初速为1198米/秒。Pak 38反坦克炮在发射钨芯穿甲弹时，能够在500米的距离上击穿120毫米厚的垂直均质钢装甲。

英文名称	Pak 38 Anti-tank Gun
研制国家	德国
制造厂商	莱茵金属公司
重要型号	Pak 38
生产数量	9566门
出产时间	1940—1943年
主要用户	德国陆军

World War II Weapons

基本参数	
长度	4.75米
宽度	1.85米
高度	1.05米
重量	1吨
最大射速	13发/分
最大射程	2.7千米

Pak 40 反坦克炮

  Pak 40反坦克炮是德国在二战期间研制的75毫米牵引式反坦克炮，于1942年开始量产并正式服役。到1943年，它已经成为德军反坦克武器的主力。Pak 40反坦克炮不仅在东线战场上对抗苏联坦克，也在北非和西线战场上有所使用。战争结束后，Pak 40反坦克炮继续在一些欧洲国家服役，包括保加利亚、捷克斯洛伐克、芬兰、挪威和匈牙利等。

  Pak 40反坦克炮的炮管长度为3.45米，俯仰角度范围为-5度至+22度。炮口初速根据不同弹药类型有所不同，穿甲弹为750米/秒，钨芯穿甲弹为930米/秒，高爆弹为550米/秒。炮弹重量也因类型而异，穿甲弹重6.8千克，钨芯穿甲弹重4.1千克，高爆弹重5.74千克。Pak 40反坦克炮的穿甲能力非常出色，在1000米距离、着角为30度时，可以穿透94毫米厚的装甲。

英文名称：	Pak 40 Anti-tank Gun
研制国家：	德国
制造厂商：	莱茵金属公司
重要型号：	Pak 40
生产数量：	23303门
生产时间：	1942～1945年
主要用户：	德国陆军

World War II Weapons

基本参数	
长度	6.2米
宽度	2.08米
高度	1.2米
重量	1.425吨
最大射速	14发/分
有效射程	1.8千米

Bf 109 战斗机

Bf 109 战斗机是德国在二战前研制的一种单引擎单座战斗机，1935年5月首次试飞，1937年2月开始服役。

Bf 109战斗机采用了当时最先进的空气动力外形，以及可收放的起落架、可开合的座舱盖、下单翼、自动襟翼等装置。该机的实际应用大大超出其设计目标，衍生出包括战斗轰炸机、夜间战斗机和侦察机在内的多种型号。

Bf 109战斗机与1941年开始服役的Fw 190战斗机一起成为德国空军的标准战斗机。最常与Bf 109战斗机一起进行比较的是英国"喷火"战斗机，这两款战斗机不仅从二战初期一直较劲到结束，地点也覆盖了西欧、苏联和北非。在整个二战中，德国空军总战果中有一半以上是Bf 109战斗机取得的。

英文名称：	Bf 109 Fighter Aircraft
研制国家：	德国
制造厂商：	梅塞施密特公司
重要型号：	Bf 109A/B/C/D/E/G
生产数量：	33984架
服役时间：	1937—1045年
主要用户：	德国空军、西班牙空军、瑞士空军、以色列空军、分兰空军

World War II Weapons

基本参数	
长度	8.95米
高度	2.6米
翼展	9.93米
重量	2247千克
最大速度	640千米/小时
最大航程	850千米

▲ Bf 109战斗机在高空飞行

▼ 仰视Bf 109战斗机

第 5 章 德国二战武器

Bf 110 战斗机

Bf 110战斗机是德国在二战初期研制的一种双引擎重型战斗机，除了担任长程战斗机与驱逐轰炸机的任务以外，也是德国夜间战斗机的重要机种。

该机采用全金属结构、半硬壳机身和低悬臂梁，配有2个方向舵与2台戴姆勒·奔驰DB 600A发动机，机翼具有前沿槽孔设计。每台发动机的最大功率为1085千瓦。机载武器为2门20毫米MG 151机炮、4挺7.92毫米MG 17机枪和1挺7.92毫米MG 812后射机枪。

Bf 110战斗机在波兰战役、挪威战役与法国战役中均表现出众，但在夺取英伦三岛制空权的不列颠空战中完全暴露出其敏捷性低劣的问题，许多Bf 110飞行联队损失惨重，被迫退出日间作战改任为夜间战斗机。战争后期，Bf 110战斗机被改良成一款专职的夜间战斗机，成为夜战部队的主力。

英文名称：	Bf 110 Fighter Aircraft
研制国家：	德国
制造厂商：	梅塞施密特公司
重要型号：	Bf 110A/B/C/D/E/F/G/H
生产数量：	6170架
生产时间：	1939—1945年
主要用户：	德国空军、意大利空军、罗马尼亚空军

World War II
Weapons

基本参数	
长度	12.3米
高度	3.3米
翼展	16.3米
重量	4500千克
最大速度	560千米/小时
最大航程	2410千米

Fw 190 战斗机

Fw 190战斗机是德国在二战初期研制的单引擎战斗机,1939年6月首次试飞,1941年8月开始服役。

Fw 190战斗机采用了当时螺旋桨战斗机的常规布局,即全金属下单翼、单垂尾、全封闭玻璃座舱、可收放后三点式起落架等。该机的机头较粗,而机尾尖细,机身背部拱起部分是个透明的滑动开启的座舱盖,其后方机身背脊向下倾斜,故下视和后视的视界良好。Fw 190战斗机的不同型号使用了不同的发动机,既有水冷发动机,也有气冷发动机,这在德国诸多战斗机中非常少见。该机的典型机载武器为2门20毫米机炮和2挺13毫米机炮,另可携带1枚500千克炸弹。

Fw 190战斗机适合担负多种任务,包括制空战斗、对地攻击、近接支援、照相侦察、战斗机护航等,甚至还有少数的夜间战斗机与改装后携挂鱼雷的反舰型号。许多德军飞行员驾驶Fw 190战斗机成为王牌飞行员,如艾里希·鲁道菲尔、奥图·基特尔和怀尔特·诺沃特尼等。

英文名称	Fw 190 Fighter Aircraft
研制国家	德国
制造厂商	福克-沃尔夫飞机制造厂
重要型号	Fw 190A/B/C/D/E/F/G
生产数量	20000架
生产时间	1941~1945年
主要用户	德国空军

World War II Weapons

基本参数	
长度	10.2米
高度	3.35米
翼展	10.5米
重量	3490千克
最大速度	685千米/小时
最大航程	835千米

第 5 章 德国二战武器

▲ Fw 190战斗机正面视角

▼ Fw 190战斗机在低空飞行

Me 262 战斗机

Me 262战斗机是德国在二战后期研制的喷气式战斗机,也是世界上第一种投入实战的喷气式飞机,绰号"雨燕"(Schwalbe)。

它是一种全金属半硬壳结构的轻型飞机,流线形机身有一个三角形的截面,机头部位集中配备了4门30毫米机炮和照相枪。近三角形的尾翼呈十字相交于尾部,两台轴流式涡轮喷气发动机的短舱直接安装在后掠下单翼的下方,前三点起落架可收入机内。

Me 262战斗机采用容克公司的尤莫004型涡轮喷气发动机,这在当时是一种革命性的动力装置。虽然燃料的缺乏使得Me 262战斗机未能完全发挥其性能优势,但其采用的诸多革命性设计对各国战斗机的发展产生了重大影响。

英文名称:	Me 262 Fighter Aircraft
研制国家:	德国
制造厂商:	梅塞施密特公司
重要型号:	Me 262A-1a/A-2a/B-1a
生产数量:	1430架
服役时间:	1944~1945年
主要用户:	德国空军、捷克斯洛伐克空军

World War II Weapons

★ ★ ☆

基本参数	
长度	10.6米
高度	3.5米
翼展	12.6米
重量	3795千克
最大速度	900千米/小时
最大航程	1050千米

He 111 轰炸机

He 111轰炸机是一种中型轰炸机，其独特的机鼻令它成为德国轰炸机部队的著名象征。二战初期，He 111轰炸机是德国空军轰炸机中装备数量最多的机种，在1940年以前的战役中损失极少。直到不列颠空战时，He 111轰炸机才因防御武器薄弱、速度和灵活性较差而逐渐过时。

He 111轰炸机的动力装置为两台尤莫211F-1/2液冷式活塞发动机，单台功率为986千瓦。该机的固定武器为7挺7.92毫米机枪、1挺13毫米机枪和1门20毫米机炮，并可挂载各式自由落体炸弹。He 111轰炸机的用途广泛，如在不列颠空战期间作为战略轰炸机，在大西洋海战中用作鱼雷轰炸机，在地中海、北非用作中型轰炸机及运输机等。

英文名称：	He 111 Bomber Aircraft
研制国家：	德国
制造厂商：	亨克尔公司
重要型号：	He 111 A/B/C/D/E
生产数量：	6508架
服役时间：	1935～1945年
主要用户：	德国空军、西班牙空军、土耳其空军、捷克斯洛伐克空军

World War II Weapons

基本参数	
长度	16.4米
高度	4米
翼展	22.6米
重量	8680千克
最大速度	440千米/小时
最大航程	2300千米

He 177 轰炸机

He 177轰炸机是德国在二战中研制的一种重型轰炸机,也是德国在二战时期唯一大量生产的重型轰炸机。

He 177轰炸机的机身为长筒形,机翼为全金属悬臂式中单翼,机翼上有加热除冰装置,起落架为可收放式后三点起落架,主起落架为双轮,向内折叠收入机翼,后起落架为单轮,向后收入机身尾部。

He 177轰炸机装有2门20毫米MG151机炮、1挺7.92毫米MG81机枪和4挺13毫米MG131机枪,分布在机身各处。一般情况下,He 177轰炸机可以携带6000千克炸弹,可根据任务需要灵活选择挂载方案。该机的动力装置为两台戴姆勒·奔驰DB 610发动机,单台功率为2133千瓦。He 177轰炸机的衍生型不少,不过其中许多都没有投入正式生产。由于He 177轰炸机早期型号的发动机容易起火,所以空勤人员戏称其为"德国空军的打火机"或"燃烧的棺材"。

英文名称:	He 177 Bomber Aircraft
研制国家:	德国
制造厂商:	亨克尔公司
重要型号:	He 177 A-0/1/3/5/6/7/8/10
生产数量:	1169架
生产时间:	1942~1944年
主要用户:	德国空军

World War II
Weapons

基本参数	
长度	22米
高度	6.67米
翼展	31.44米
重量	16800千克
最大速度	565千米/小时
最大航程	5600千米

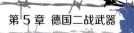

容克-87 俯冲轰炸机

容克 87（Ju 87）俯冲轰炸机是德国在二战前研制的一种单引擎轰炸机。该机最大的特点在于双弯曲的鸥翼型机翼、固定式的起落架及其独有低沉的尖啸声。该机属于单发动机的全金属悬臂梁单翼机，可搭载2名飞行员，主要结构金属与蒙皮使用硬铝，襟翼这类需要坚固结构的区域由合金组成，而需要承受强大应力的零件与螺栓则使用钢铁铸造。容克87轰炸机的动力装置为容克斯"尤莫"211D发动机，最大功率为883千瓦。机载武器为2挺7.92毫米MG17机枪和1挺7.92毫米MG15机枪，并可携带多枚50千克或250千克炸弹。

容克-87俯冲轰炸机在二战初期德国发动的"闪电战"中取得非常大的战果，1940年后德国在非洲战场及东部战线大量投入这种轰炸机，尤其在东线战场，更发挥出其强大的对地攻击能力。这种轰炸机拥有独特的发声装置，所发出的尖啸声对地面士兵的心理影响极大。

英文名称：	
Ju 87 Dive Bomber Aircraft	
研制国家：	德国
制造厂商：	容克斯公司
重要型号：	Ju 87A/B/C/D/G/R
生产数量：	6500架
生产时间：	1937～1944年
主要用户：	德国空军、西班牙空军

World War Ⅱ
Weapons

基本参数	
长度	11米
高度	4.23米
翼展	13.8米
重量	3205千克
最大速度	390千米/小时
最大航程	500千米

"俾斯麦"级战列舰

"俾斯麦"级战列舰是德国在二战时期建造的战列舰，也是德国当时排水量最大的军舰。受基尔运河的水深限制，"俾斯麦"级战列舰的舰体被适度加宽以减少吃水，长宽比为6.67∶1。该级舰的上层建筑显得紧凑和美观，动力传动系统基本沿用了一战德国战舰设计的"三轴两舵"标准布局。"俾斯麦"级战列舰的装甲总重量达到同期战列舰中的最大比重，占标准排水量的41.85%之多。

"俾斯麦"级战列舰装有4座双联装380毫米L52 SK-C/34炮、6座双联装150毫米/L55 SK-C/28炮、8座双联装105毫米/L65 SK-C/33/37炮、8座双联装37毫米/L83 SK-C/30炮、12座单管20毫米/L65 MG C/30炮，以及2座四联装20毫米/L65 MG C/38炮。此外，还可搭载4架阿拉度Ar196水上侦察机。

英文名称：	Bismarck Class Battleship
研制国家：	德国
制造厂商：	布洛姆·福斯造船厂
舰名由来：	人名命名法
生产数量：	2艘
生产时间：	1936～1939年
主要用户：	德国海军

World War II
Weapons

基本参数	
标准排水量	41700吨
满载排水量	50300吨
长度	251米
宽度	36米
吃水深度	9.3米
最大速度	30节

"希佩尔海军上将"级巡洋舰

"希佩尔海军上将"级巡洋舰是一种大型远洋巡洋舰。在参考了其他国家巡洋舰使用情况并结合自身情况后,德国认为巡洋舰应该使用在破交战(破坏敌方海上交通线),因此要求"希佩尔海军上将"级巡洋舰具有大型化、远航力高、火力强、防御性好等特点。

"希佩尔海军上将"级巡洋舰安装了4座双联装203毫米舰炮,该炮火力强、射程远、射速高。1941年在与英国舰队战列舰对射时,该炮的巨大威力显露无遗。为了对付空中威胁,"希佩尔海军上将"级巡洋舰还安装了6座双联装105毫米高射炮,还有6座双联装37毫米机关炮和8门单装20毫米机炮。鱼雷武器方面,装有4座三联装533毫米鱼雷发射管。此外,"希佩尔海军上将"级巡洋舰还可搭载3架Ar-196水上飞机。

英文名称:	
Admiral Hipper Class Cruiser	
研制国家:	德国
制造厂商:	布洛姆·福斯造船厂
舰名由来:	人名命名法
生产数量:	3艘
生产时间:	1935~1940年
主要用户:	德国海军

World War II Weapons

基本参数	
标准排水量	16170吨
满载排水量	18500吨
长度	202.8米
宽度	21.3米
吃水深度	7.2米
最大速度	32节

U型潜艇

U型潜艇特指两次世界大战时德国海军使用的潜艇。德国潜艇的编号都用德语"潜艇"的首字母"U"加数字命名，如U-511。为了区别于同盟国的潜艇（英语为Submarine），英语里通常使用"U-boat"来称呼德国潜艇，中文翻译为"U型潜艇"，也可简称为"U艇"。二战时期，德国海军使用最广泛的是Type VII级潜艇。

早期的Type VII级潜艇为单壳体结构，燃油储存于耐压壳体内，能防止深水炸弹攻击导致外漏。艇身中部有主压载水舱，耐压壳体外部前后方各有两个副压载水仓，两侧各有一个储水舱，船头有类似一战德国潜艇的锯齿状构造（后期型取消）。武器包括5座鱼雷发射管（艇艏有4座、艇艉有1座）和1门88毫米速射甲板炮（220发炮弹），潜艇内可存放22枚TMA型水雷或33枚TMB型水雷。

英文名称：	U-boat
研制国家：	德国
制造厂商：	日耳曼尼亚造船厂
重要型号：	
Type Ⅰ/Ⅱ/Ⅴ/Ⅶ/Ⅸ/Ⅹ/Ⅺ	
生产数量：	703艘（Type Ⅶ级）
生产时间：	1906～1945年
主要用户：	德国海军

World War II
Weapons

基本参数	
水上排水量	769吨
潜航排水量	871吨
长度	67.1米
宽度	6.2米
吃水深度	4.74米
潜航速度	7.6节

Kar98k 手动步枪

  Kar98k 步枪是二战时期德国军队装备的制式步枪，1935年开始服役。

  Kar98k步枪沿用了毛瑟Gew98步枪经典的旋转后拉式枪机，这是一种简单而又坚固的整体式枪机，能使步枪获得更好的精确度。枪机有两个闭锁齿，都位于枪机顶部。枪机拉柄与枪机本身连接，Kar98k步枪将Gew98步枪的直形拉柄改成了下弯式，便于携行和安装瞄准镜。枪机尾部是保险装置。该枪的供弹系统是一个子弹呈双排交错排列的内置式弹仓，使用5发弹夹装填子弹，子弹通过机匣上方压入弹仓，也可单发装填。

  Kar98k步枪的用途较多，其射击精度较高，可加装4倍、6倍光学瞄准镜作为狙击步枪投入使用。Kar98k狙击步枪共生产了近13万支并装备部队，还有相当多精度较好的Kar98k步枪被挑选出来改装成狙击步枪。此外，Kar98k步枪还可以加装枪榴弹发射器以发射枪榴弹。这些特性使Kar98k步枪成为德军在二战期间使用最广泛的步枪。

英文名称：	Kar98k Rifle
研制国家：	德国
制造厂商：	毛瑟公司
重要型号：	Kar98k
生产数量：	1400万支
生产时间：	1935～1945年
主要用户：	德国陆军

World War II Weapons

基本参数	
口径	7.92毫米
全长	1110毫米
枪管长	610毫米
重量	4.1千克
枪口初速	760米/秒
有效射程	500米
弹容量	5发

▲ 拆解后的Kar98k步枪

▼ Kar98k步枪的狙击步枪衍生型

Gew41 半自动步枪

Gew41半自动步枪是德国在二战中研制的半自动步枪,也是德军在战争期间使用的第一种半自动步枪。二战初期,德国的步兵理论比较重视机枪,所以德国对于半自动步枪的研制比美国以及苏联落后,这一情况直到Gew41半自动步枪出现才有所改观。

Gew41步枪的枪口装有环形导气装置,利用发射枪弹的火药气体推动枪机解锁、后坐,完成抛壳、子弹上膛。该枪使用标准毛瑟步枪弹,10发弹匣供弹,子弹需由机匣顶部填装。Gew41步枪可以安装刺刀,初期型安装了1.5倍的瞄准镜,后期型可以结合4倍瞄准镜使用。Gew41步枪比较笨重,子弹填装不方便,灰尘的污染很容易引起枪机部分的失灵,而且从枪管处也很难进行清洁和维修,因此不太受前线军队的欢迎,但是它在火力方面的性能比Kar98k步枪好。

英文名称: Gew41 Semi-automatic Rifle
研制国家: 德国
制造厂商: 瓦尔特公司
重要型号: Gew41
生产数量: 12万支
生产时间: 1941~1945年
主要用户: 德国陆军

World War II Weapons

基本参数

口径	7.92毫米
全长	1140毫米
枪管长	546毫米
重量	4.9千克
最大射速	30发/分
有效射程	400米
弹容量	10发

Gew43 半自动步枪

　　Gew43步枪是在Gew41步枪基础上改进而来的半自动步枪,在二战后期被德军采用。

　　Gew43步枪大量采用了冲焊熔铸工艺的零部件,非常适于机械加工厂的大批量生产。此外,Gew43步枪的零部件也与Gew41步枪有着很大的通用性。与Gew41步枪不同,Gew43步枪从一开始就没有设定刺刀座。

　　由于产量难以满足前线需求,Gew43步枪没有大规模配发前线普通士兵替换Kar98k步枪。尽管它在数量上没有全部装备前线军队,但是它被认为是一种质量不错的半自动步枪。当时德军也曾为Gew43步枪装上ZF4瞄准镜,作为半自动狙击步枪使用。德军士兵对Gew43步枪褒贬不一,虽然Gew43步枪比手动步枪射击速度更快,但远距离射击精度比不过Kar98k步枪,而它的射速也比StG44突击步枪低。

英文名称:	Gew43 Semi-automatic Rifle
研制国家:	德国
制造厂商:	瓦尔特公司
重要型号:	Gew43
生产数量:	约40万支
生产时间:	1943～1945年
主要用户:	德国陆军

World War Ⅱ Weapons

基本参数	
口径	7.92毫米
全长	1130毫米
枪管长	550毫米
重量	4.4千克
最大射速	60发/分
有效射程	500米
弹容量	10发

StG44 突击步枪

StG44突击步枪是德军在MP40冲锋枪和MG42通用机枪之后的又一款划时代的经典之作。其使用的中间型威力枪弹和突击步枪的概念，对轻武器的发展有着非常重要的影响。

StG44突击步枪采用导气式自动原理，枪机偏转式闭锁方式。该枪在子弹击发后，火药气体被导出枪管进入导气管驱动活塞带动枪机动作，并完成抛弹壳和子弹上膛动作。该枪可以选择单发或连发的射击模式，机匣等零件采用冲压工艺制造，易于生产，而且成本较低。

StG44突击步枪采用7.92×33毫米弹药，这种弹药被称为中间型威力枪弹，比当时的德军7.92×57毫米标准步枪弹更短、更轻，当然，有效射程也相应缩短了。7.92×33毫米弹药长度比原有的毛瑟步枪弹缩短了三分之一，使得枪支射击时的后坐力大大减小，并解决了自动步枪无法连续准确射击的技术瓶颈。

英文名称	StG 44 Assault Rifle
研制国家	德国
制造厂商	黑内尔公司、毛瑟公司
重要型号	StG 44
生产数量	约42.6万支
生产时间	1943～1945年
主要用户	德国陆军

World War II Weapons

基本参数	
口径	7.92毫米
全长	940毫米
枪管长	419毫米
重量	4.62千克
最大射速	600发/分
有效射程	300米
弹容量	30发

MG34 通用机枪

  MG34通用机枪是德国于20世纪30年代研制的通用机枪，1935年开始装备部队。

  MG34通用机枪综合了许多老式机枪的特点，同时也有不少独特的改进。它是世界上第一种大批量生产的现代通用机枪，既可作为轻机枪使用，也可作为重机枪使用。MG34通用机枪不但大量使用贵重金属，而且散热片、机匣等零件都是用整块金属切削而成。因此，该机枪虽然性能较为出色，但材料利用率低，而且工艺复杂、加工时间长。而由于射速高，枪管较易过热，也较易出现故障。

  MG34通用机枪在推出后立即成为德军的主要武器，并在西班牙内战中投入使用。虽然MG34通用机枪的出现是为了替代MG13和MG15等老式机枪，但因为德军战线太多，直至二战结束都未能完全取代，而后来的MG42通用机枪同样没能取代MG34通用机枪。因此，二战中德军的机枪装备比较杂乱。

英文名称：	
MG 34 General-purpose Machine Gun	
研制国家：德国	
制造厂商：	
莱茵金属公司、毛瑟公司	
重要型号：MG 34、MG 34/41	
生产数量：约57.7万挺	
生产时间：1935～1945年	
主要用户：德国陆军	

World War II Weapons

★ ★ ☆

基本参数	
口径	7.92毫米
全长	1219毫米
枪管长	627毫米
重量	12.1千克
最大射速	1000发/分
有效射程	1200米
弹容量	250发

MG42 通用机枪

MG42通用机枪是德国在二战中研制的7.92毫米口径通用机枪，原名MG34/41，德军在1943年的突尼斯会战中首次装备这种机枪。

MG42通用机枪采用枪管短后坐式工作原理，滚柱撑开式闭锁机构，击针式击发机构。该枪的供弹机构与MG34通用机枪相同，但发射机构只能连发射击，机构中设有分离器，不管扳机何时放开，均能保证阻铁完全抬起，以保护阻铁头不被咬断。该枪使用德国毛瑟98式7.92毫米枪弹，射速非常快，并会发出独特的撕裂布匹般的枪声。因此，MG42通用机枪被各国军人取了许多绰号，如"亚麻布剪刀""希特勒的拉链""希特勒的电锯"或"骨锯"等。

MG42通用机枪的枪管更换装置结构特殊且更换迅速，该装置由盖环和卡笋组成，它们位于枪管套筒后侧，打开卡笋和盖环，盖环便迅速将枪管托出。该枪采用机械瞄准具，瞄准具由弧形表尺和准星组成，准星与照门均可折叠。

英文名称：	
MG 42 General-purpose Machine Gun	
研制国家：	德国
制造厂商：	毛瑟公司
重要型号：	MG 42、MG 42V
生产数量：	约42.4万挺
生产时间：	1942～1945年
主要用户：	德国陆军

World War II Weapons

基本参数	
口径	7.92毫米
全长	1120毫米
枪管长	533毫米
重量	11.57千克
最大射速	1200发/分
有效射程	2000米
弹容量	250发

MP40 冲锋枪

MP40冲锋枪是德国于20世纪30年代研制的冲锋枪,是二战时期德军的主要武器装备之一,受到德军作战部队的欢迎。

MP40冲锋枪在近距离作战中可提供密集的火力,不但装备了德国装甲部队和伞兵部队,在步兵单位的装备比例也不断增加,还是优先配发给一线作战部队的武器。MP40冲锋枪大量采用冲压、焊接工艺的零件,生产时零件在各工厂分头生产,然后在总装厂进行统一装配,这种模式非常利于大规模生产。

MP40冲锋枪具有现代冲锋武器的几个最显著的特点:制造简单、造价低廉、后坐力小、精准度高、短小便携。该枪发射9毫米鲁格弹,以直弹匣供弹,采用开放式枪机原理、圆管机匣,取消了枪身上传统的木制组件,护木、握把都由塑料制成。简单的折叠式枪托由钢管制成,向前折叠到机匣下方。由于后坐力小且射速较低,MP40冲锋枪的精度较高。

英文名称:	MP40 Submachine Gun
研制国家:	德国
制造厂商:	黑内尔公司
重要型号:	MP40、MP 40/1
生产数量:	110万支
生产时间:	1940~1945年
主要用户:	德国陆军

World War II Weapons

基本参数	
口径	9毫米
全长	833毫米
枪管长	251毫米
重量	4千克
最大射速	550发/分
有效射程	200米
弹容量	32发

鲁格 P08 半自动手枪

鲁格P08手枪采用枪管短后坐式工作原理，是一种性能可靠、质地优良的武器，有多种衍生型。该枪有7.65毫米和9毫米两种口径，其中9毫米是德军为了满足战时对大威力手枪的需求而增设的口径。鲁格P08手枪的枪管有多种型号，长度从95毫米到200毫米不等。该枪最大的特色是它的肘节式起落闭锁设计，其原理类似人类的手肘，伸直时可以抵抗很强的力量，一旦弯曲，又很容易继续收缩。

1900年，鲁格P08手枪被瑞士采用为制式手枪，成为世界上第一把制式军用半自动手枪。1908年，鲁格P08手枪又被德国陆军选为制式手枪。由于鲁格P08手枪造型优雅，生产工艺要求高，零部件较多，成本也较高。尽管德军在1938年换装了瓦尔特P38手枪，但鲁格P08手枪的生产并未停止，直到1942年底才正式结束生产。

英文名称： Luger P08 Semi-automatic Pistol
研制国家： 德国
制造厂商： 毛瑟公司
重要型号： P08
生产数量： 200万支
生产时间： 1900~1942年
主要用户： 德国陆军

World War Ⅱ Weapons ★★☆

基本参数	
口径	7.65毫米/9毫米
全长	222毫米
枪管长	95~200毫米
重量	870克
最大射速	20发/分
有效射程	50米
弹容量	8发

瓦尔特 PP/PPK 半自动手枪

瓦尔特PP手枪是瓦尔特公司于20世纪20年代末研制的半自动手枪，PPK手枪是PP手枪的缩小版本。

瓦尔特PP/PPK手枪采用自由枪机式工作原理，枪管固定，结构简单，动作可靠。采用外露击锤，配有机械瞄准具。套筒左右都有保险机柄，套筒座两侧加有塑料制握把护板。弹匣下部有一塑料延伸体，能让射手握得更牢固。瓦尔特PP/PPK手枪首次使用了双动发射机构，对后来自动手枪的发展有着深远影响。

瓦尔特PP/PPK手枪可发射7.65×17毫米Browning SR（.32 ACP）、9×17毫米Short（.380 ACP）、5.6×15毫米R（.22 Long Rifle）、6.35×15毫米Browning SR（.25 ACP）和9×18毫米Ultra等多种手枪弹，瞄准具为缺口式照门和刀片式准星。瓦尔特PP/PPK手枪的设计非常成功，其常青树般的生命力就已经充分地说明了这一点。

英文名称：	Walther PP/PPK Semi-automatic Pistol
研制国家：	德国
制造厂商：	瓦尔特公司
重要型号：	PP、PPK、PPK-L、PPKS
生产数量：	100万支以上
生产时间：	1929年至今
主要用户：	德国陆军

World War Ⅱ
Weapons
★★☆

基本参数	
口径	7.65毫米
全长	170毫米
枪管长	98毫米
重量	665克
最大射速	325米/秒
有效射程	50米
弹容量	10发

瓦尔特 P38 半自动手枪

瓦尔特P38手枪是德国在二战初期研制的半自动手枪，是二战中德军使用的主要手枪。

瓦尔特P38手枪采用枪管短后坐式工作原理，击发后，火药气体将闭锁在一起的枪管和套筒后推，经过自由行程后，弹膛下方凸耳内的顶杆抵在套筒座上，并向前撞击闭锁卡铁后端斜面迫使卡铁向下旋转，使上凸笋离开套筒上的闭锁槽，实现开锁。该枪还有一个安全可靠的双动系统，即使膛内有弹也不会发生意外。

从工程角度来看，瓦尔特P38手枪运用了与多种现代半自动手枪类似的设计特点。该枪是历史上第一种采用闭锁式枪膛的手枪，射手能够预先在膛室内装入一发子弹，并以待击解脱杆把击锤拉回安全位置。在双动模式时，膛室内有一发子弹的情况下，射手只需扣动扳机就能开火，但打第一枪时的扳机压力较大，因为扣扳机的同时会扳起击锤。弹药方面，瓦尔特P38手枪主要发射9毫米帕拉贝鲁姆手枪弹。

英文名称：	Walther P38 Semi-automatic Pistol
研制国家：	德国
制造厂商：	瓦尔特公司
重要型号：	P38
生产数量：	100万支
生产时间：	1939～1945年
主要用户：	德国陆军

World War II Weapons

基本参数	
口径	9毫米
全长	216毫米
枪管长	125毫米
重量	800克
枪口初速	365米/秒
有效射程	50米
弹容量	8发

39型卵形手榴弹

39型卵形手榴弹是德国为提高手榴弹的便携性和投掷距离而研制的一种轻便进攻手榴弹，1939年开始批量生产。

39型卵形手榴弹外形呈圆滑的椭球形，整个手榴弹由弹体和引信组成，弹体由上下两截薄铁皮焊接的半卵形壳体组成，引信是拉发火件。其结构与39型柄式手榴弹的发火件基本相同，只是将拴拉线的磁球改为卵形拉发火柄，这个拉发火柄直接连接在引信体上。其使用方法与39型柄式手榴弹也基本相同。

39型卵形手榴弹的延期时间有很多种，标准的延期时间是4～5秒，最短的延期时间只有1秒，这种短延期引信主要用在需要投掷后立即发火的场合。为了便于使用者识别，在这种引信的拉发火柄上涂有红色标记。除了标准型，39型卵形手榴弹还有改进型和防御型两种衍生型。改进型是一种整体式手榴弹，弹体上方有螺纹连接口，引信固定在弹体上。

德文名称：	Eihandgranate 39
研制国家：	德国
制造厂商：	克虏伯公司
重要型号：	Eihandgranate 39
生产数量：	300万枚
生产时间：	1939～1945年
主要用户：	德国陆军

World War II
Weapons
★ ★ ★

基本参数	
高度	76毫米
直径	60毫米
重量	230克
装药量	112克
引爆时间	5秒
杀伤范围	10米

39型柄式手榴弹

39型柄式手榴弹是德国在二战初期研制的柄式手榴弹，由弹体、拉发火件、木柄、瓷球和弹性盖等零部件组成。弹体由圆柱形铸铁壳体（内装炸药）、雷管、雷管套和木柄连接座组成。弹体中心是雷管套，雷管放在雷管套内之后，再在上面装木柄连接座，连接座与壳体之间用螺钉连接，涂沥青油防潮。拉发火件装在中空木柄内，是一个独立的部件，由拉火绳、小铜套、摩擦拉毛铜丝、拉毛铜丝底盘、铅管、延期药、钢管、黄铜套管和底盖等零件组成。

39型柄式手榴弹比较安全，使用时瓷球从木柄内掉出来时不会将拉毛铜丝拉出来引起发火，通常可以用拉线将手榴弹挂在树上或其他地方，作为挂雷使用。除用作杀伤手榴弹之外，在战场上还可以将几个手榴弹弹体绑在一起，用一个拉发火件发火，作反坦克雷使用。二战期间，有的士兵将6个手榴弹弹体绑在一起，用于炸毁坦克。

德文名称：	Stielhandgranate 39
研制国家：	德国
制造厂商：	克虏伯公司
重要型号：	Stielhandgranate 39
生产数量：	400万枚
生产时间：	1939～1945年
主要用户：	德国陆军

World War II Weapons

基本参数	
全长	356毫米
直径	70毫米
重量	624克
装药量	200克
引爆时间	4.5秒
投掷距离	35米

"坦克杀手"反坦克火箭发射器

"坦克杀手"反坦克火箭发射器是二战时期德军使用的一种可重复使用的88毫米口径反坦克火箭发射器。与美国巴祖卡火箭筒不同，"坦克杀手"的火箭弹在飞离发射管后会继续燃烧喷射，所以有着更强大的穿透力和高达150米的射程。"坦克杀手"在90度的入射角可以穿透200毫米的装甲。

"坦克杀手"最早的型号是RPzB 43，全长164厘米，火箭弹发射后在2米距离内会继续燃烧，灼伤使用者，所以必须佩戴面具和手套发射。1943年10月，RPzB 43被新型的RPzB 54替代。相比早期的RPzB 43，RPzB 54因为在前端安装了保护使用者的护盾，成为更广为人知的形象。不过因为护盾太重，也有人继续拆掉护盾，佩戴面具发射。RPzB 54发射新型的弹身更短的火箭弹，射程增加到了180米。1944年，RPzB 54/1问世，采用更短的火箭弹。

德文名称：	Panzerschreck
研制国家：	德国
制造厂商：	克虏伯公司
重要型号：	RPzB 43、RPzB 54、RPzB 54/1
生产数量：	289151具
生产时间：	1943～1945年
主要用户：	德国陆军

World War II Weapons
★ ★ ☆

基本参数	
口径	88毫米
长度	1640毫米
重量	11千克
弹药重量	2.4千克
枪口初速	110米/秒
有效射程	150米

"装甲拳"反坦克榴弹发射器

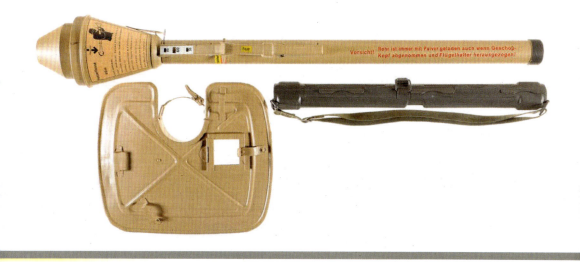

"装甲拳"反坦克榴弹发射器是德国在二战时期制造的一种廉价的火药推进无后坐力反坦克榴弹发射器,其身管以便宜的低等钢材制造,身管后部装有简单的后准星和发射装置。由于没有前准星,射手通常利用弹头的轮廓来瞄准。身管内预装有少量的黑火药作为推进药。战斗部总重约3千克,装置在身管前部,并有装置在木质尾上的金属整流药罩。装药量约为800克,为三硝基甲苯(梯恩梯,TNT)和环三亚甲基三硝胺(RDX)混合炸药。

"装甲拳"在身管的尾部上方标注有红色的警告字样,以防止射手被烧伤。身管在发射后即被抛弃,这也是世界上第一种一次性使用的反装甲武器。"装甲拳"通常抵住肩窝发射,它的锥形装药可以击穿倾斜30度200毫米的滚轧均制装甲。由于重量和体积的限制,"装甲拳"的初速很低,以至其有效射程较短,而且飞行弹道比较弯曲。

德文名称	Panzerfaust
研制国家	德国
制造厂商	克虏伯公司
重要型号	Panzerfaust 30 Klein、Panzerfaust 30、Panzerfaust 60、Panzerfaust 100、Panzerfaust 150、Panzerfaust 250
生产数量	600万具
生产时间	1942~1945年
主要用户	德国陆军

World War II Weapons

基本参数	
口径	149毫米
长度	1000毫米
身管长	50毫米
重量	6.1千克
枪口初速	45米/秒
有效射程	60米

第 6 章

日本二战武器

日本是二战轴心国的重要力量，其发动的侵略战争给亚洲各国人民带来了沉重的灾难。在战争中，穷兵黩武的日本设计制造了大量用途各异的武器装备。

94式轻型坦克

94式轻型坦克是日本于20世纪30年代研制的超轻型坦克,又被称为94式豆战车。主要用于执行指挥、联络、搜索、警戒等作战任务,也可用作火炮牵引车或弹药搬运车。

94式坦克的驾驶室和动力舱在车体前部,驾驶室居右,动力舱在左,发动机位于变速箱的后面,即车体中部靠前的位置上。战斗室位于车体后部,上部有一个枪塔。该坦克只有2名乘员,即车长和驾驶员。

94式坦克的主要武器是1挺机枪,早期为91式6.5毫米机枪,后被97式7.7毫米机枪取代,极少数车装过37毫米火炮。94式坦克的装甲防护力非常薄弱,往往只需要一个炸药包或一个集束手榴弹就可以把它炸毁,用重机枪也可以打穿其装甲从而杀死车内乘员。该坦克的动力装置为三菱重工生产的风冷式汽油发动机,功率为24千瓦。

英文名称	Type 94 Light Tank
研制国家	日本
制造厂商	日野自动车株式会社
重要型号	Type 94
生产数量	823辆
生产时间	1935~1937年
主要用户	日本陆军

World War II
Weapons

基本参数	
长度	3.36米
宽度	1.62米
高度	1.63米
重量	3.45吨
最大速度	40千米/小时
最大行程	200千米

97式中型坦克

97式中型坦克是日本在二战期间装备的最成功的一种坦克，1937年设计定型，1938年开始装备部队。

97式中型坦克的车长和炮手位于炮塔内，驾驶员位于车体前部的右侧，机枪手在驾驶员的左侧，炮塔位于车体纵向中心偏右的位置。车体和炮塔均为钢质装甲，采用铆接结构，最大厚度25毫米。该坦克采用一台功率为125千瓦的柴油发动机，位于车体后部。主动轮在前，动力需通过很长的传动轴才能传到车体前部的变速箱和变速器。车体每侧有6个中等直径的负重轮，第一和第六负重轮为独立的螺旋弹簧悬挂，第二至第五负重轮以两个为一组，为平衡悬挂。

97式中型坦克的主要武器为1门97式57毫米短身管火炮，可发射榴弹和穿甲弹，携弹量120发（榴弹80发、穿甲弹40发），其穿甲弹可以在1200米距离上击穿50毫米厚的钢质装甲。辅助武器为2挺97式7.7毫米重机枪，一挺为前置机枪，另一挺装在炮塔后部偏右的位置。

英文名称	Type 97 Medium Tank
研制国家	日本
制造厂商	三菱重工
重要型号	Type 97
生产数量	1162辆
生产时间	1938～1943年
主要用户	日本陆军

World War II Weapons

基本参数	
长度	5.52米
宽度	2.33米
高度	2.23米
重量	15.3吨
最大速度	38千米/小时
最大行程	210千米

91式榴弹炮

91式榴弹炮是日本于20世纪30年代研制的一种105毫米轻型榴弹炮。其前车是当时同类火炮中最轻的，但因为全盘引进法国设计，未做任何修改，对于日本人的体格而言，这种火炮的人机功效比较差。91式榴弹炮的高低射界为−5度～+45度，方向射界左右各20度，射速为6～8发/分，持续射速每小时超过60发。

91式榴弹炮配备91式榴弹（弹丸重量16千克，装药2.52千克，杀伤半径31米）、91式尖头弹（弹丸重量15.7千克，装药2.27千克，杀伤半径28米）、91式破甲弹（弹丸重量10.91千克）、穿甲弹，100米距离可以击穿83毫米装甲，500米距离可以击穿76毫米装甲，1000米距离可以击穿70毫米装甲，1500米距离可以击穿63毫米装甲。

英文名称：	Type 91 Howitzer
研制国家：	日本
制造厂商：	大阪兵工厂
重要型号：	Type 91
生产数量：	1200门
生产时间：	1931～1940年
主要用户：	日本陆军

World War Ⅱ Weapons

基本参数	
长度	4.72米
宽度	1.57米
高度	1.73米
重量	1500千克
最大射速	8发/分
有效射程	10771米

97式迫击炮

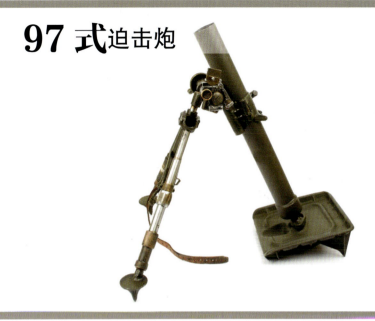

97式迫击炮是日本于20世纪30年代后期研制的81毫米步兵迫击炮，日本称其为曲射步兵炮。因为当时日本的迫击炮属于日本炮兵管辖，为了避免不必要的纠纷，所以才特意定名为曲射步兵炮。

由于97式迫击炮发射时的硝烟以及炮声比92式步兵炮小，重量也比94式迫击炮轻，因此日军前线士兵对这种迫击炮的评价较好。但是有别于前线士兵的肯定态度，日本军方高层却持反对意见，因为高射速导致的弹药消耗与日本将领一贯追求的战术目标（以最低弹药消耗取得最大战果）相违背，所以日本陆军并未将97式迫击炮推广至全部部队，主要部队还是以92式步兵炮为主，而97式迫击炮大多是配发给二线部队使用。一线单位只有海上机动旅团在团级火力上采用全迫击炮编制。

英文名称	Type 97 Mortar
研制国家	日本
制造厂商	大阪兵工厂
重要型号	Type 97
生产数量	2100门
生产时间	1938—1945年
主要用户	日本陆军

World War II
Weapons

基本参数	
口径	81毫米
炮管长	1.26米
重量	65.8千克
炮口初速	196米/秒
最大射速	20发/分
最大射程	2800米

"隼"式战斗机

"隼"式战斗机是一种单座单引擎战斗机，主要用于替代中岛飞机公司此前研制的Ki-27战斗机。当时日本军方要求该机的最大速度为500千米/小时，并能够在5分钟内爬升到5000米高度，续航距离必须超过800千米。这种战斗机除了装备日本陆军航空兵外，二战时泰国空军也有装备。二战后，法国和印度尼西亚也通过不同途径使用过"隼"式战斗机。

与Ki-27战斗机相比，"隼"式战斗机增强了发动机功率，并采用了有利于减阻的可收放式后三点起落架。该机的机头较短，半椭圆截面的机身较为细长，在座舱盖附近机身左壁开有应急舱门。机载武器方面，"隼"式战斗机安装了2挺12.7毫米Ho-103机枪，并可携带2枚250千克炸弹。

英文名称	Hayabusa Fighter Aircraft
研制国家	日本
制造厂商	中岛飞机公司
重要型号	Ki-43-1/2/3
生产数量	5919架
生产时间	1939~1945年
主要用户	日本陆军航空兵、泰国空军法国空军、印度尼西亚空军

World War II Weapons

基本参数	
长度	8.92米
高度	3.27米
翼展	10.84米
重量	1910千克
最大速度	530千米/小时
最大航程	1760千米

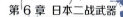

"零"式战斗机

"零"式战斗机是日本在二战期间装备的主力舰载战斗机。在战争初期,该机以转弯半径小、速度快、航程远等特点压倒美军战斗机。但到战争中期,"零"式战斗机的弱点被研究出来,并随着P-51"野马"、F-4U"海盗"、F-6F"地狱猫"等高性能战斗机的大批量投入战场,"零"式战斗机的优势逐渐失去。到了战争末期,"零"式战斗机成为"神风特攻队"的自杀攻击的主要机种。

"零"式战斗机设计成功的一个关键因素是日本住友金属有限公司当时合成了一种硬度极高的超级铝合金,因此"零"式战斗机设计时就采用了很细的飞机框架,并且敢于在上面钻孔减重,此外铆钉尺寸也非常小,在保证战机强度的情况下大大减轻了飞机重量。

英文名称:	Zero Fighter Aircraft
研制国家:	日本
制造厂商:	三菱重工
重要型号:	A6M1/2/3/4/5/6/7/8
生产数量:	10939架
服役时间:	1940—1964
主要用户:	日本海军

World War II Weapons

基本参数	
长度	9.06米
高度	3.05米
翼展	12米
重量	1680千克
最大速度	660千米/小时
最大航程	3105千米

▲ "零"式战斗机在高空飞行

▼ "零"式战斗机准备起飞

"飞燕"战斗机

"飞燕"战斗机是一种单座单引擎战斗机,也是日本在二战中唯一量产的水冷式活塞战斗机。该机于1943年7月在南太平洋新几内亚战场上投入实战,但由于日军不熟悉复杂的水冷发动机,且发动机维修需要的材料只能依靠船运,因此在后勤补给困难时大部分"飞燕"战斗机都处于故障状态。

"飞燕"战斗机装有2挺12.7毫米重机枪和2挺7.7毫米轻机枪,并可携带2枚250千克炸弹。在二战后期,美军开始以B-29轰炸机轰炸日本本土,由于部署在本土的"飞燕"战斗机后勤补给方便,所以妥善率较高。因此,这些"飞燕"战斗机开始成为日本对付B-29轰炸机的主力。

英文名称	Hien Fighter Aircraft
研制国家	日本
制造厂商	川崎飞机公司
重要型号	Ki-61-1/2/3
生产数量	3070架
生产时间	1942~1945年
主要用户	日本陆军航空兵

World War Ⅱ
Weapons

基本参数	
长度	8.94米
高度	3.7米
翼展	12米
重量	2630千克
最大速度	580千米/小时
最大航程	580千米

"疾风"战斗机

"疾风"战斗机是一种单座单引擎战斗机，它综合吸收了"隼"式战斗机、"钟馗"战斗机等日本陆军航空兵战斗机的制造技术，在中、低空高度有较强的机动性能，被认为是二战时期最出众的日本战斗机。"疾风"战斗机的主要特征有以下几点：着陆速度低，非常容易着陆；机翼载荷达170千克/平方米；地面维护简便；机炮性能可靠。

"疾风"战斗机的气动布局基本继承了"隼"式战斗机的风格，有设计匀称的外形，但翼展和机翼面积略有缩小，总长有所增加，起飞重量也大幅增加。"疾风"战斗机具备良好的爬升率、平飞速度和较强的火力，机载武器为2门20毫米机炮和2挺12.7毫米机枪，并可携带2枚250千克炸弹。后三点起落架可收入机内，以减少阻力。

英文名称：	Hayate Fighter Aircraft
研制国家：	日本
制造厂商：	中岛飞机公司
重要型号：	Ki-84-1/2/N/P/R
生产数量：	3514架
生产时间：	1943～1945年
主要用户：	日本陆军航空兵

World War II
Weapons

基本参数	
长度	9.92米
高度	3.39米
翼展	11.24米
重量	2660千克
最大速度	686千米/小时
最大航程	2168千米

"大和"级战列舰

"大和"级战列舰是日本在二战时期建造的战列舰，也是世界历史上建造的排水量最大的战列舰。该级舰计划建造5艘，实际建成3艘，其中"信浓"号在建造过程中被改造为航空母舰。

"大和"级战列舰的舰体长宽比为6.76∶1，为主炮射击提供了稳定的平台。该级舰的侧舷装甲带最厚为410毫米，炮塔正面装甲厚650毫米，炮座装甲厚560毫米，弹药舱顶板装甲厚270毫米，上层甲板装甲厚55毫米，主甲板装甲厚200毫米。

"大和"级战列舰装有3座三联装460毫米主炮，是当时口径最大的战列舰主炮。4座三联装155毫米副炮，既可以对舰也可以对空，射速为7发/分。高炮为6座双联装127毫米高射炮，射速为14发/分。此外，还装备了8座三联装25毫米高射炮以及4挺93式防空机枪。

英文名称：	Yamato Class Battleship
研制国家：	日本
制造厂商：	横须贺海军工厂
舰名由来：	日本旧国名
生产数量：	3艘
生产时间：	1937～1942年
主要用户：	日本海军

World War II Weapons

基本参数	
标准排水量	69300吨
满载排水量	73000吨
长度	263米
宽度	38.9米
吃水深度	10.4米
最大速度	27节

"赤城"号航空母舰

"赤城"号航空母舰是二战时日本在"信浓"号航空母舰服役前排水量最大的航空母舰，服役期间一直是日本第一航空战队的旗舰，参加了太平洋战争初期的重要海战，后于中途岛海战中被美军击沉。

"赤城"号航空母舰具有双层机库、三层飞行甲板结构，目的是采用多甲板分散起飞与降落作业，增加航空管制效率。甲板最顶层为降落甲板（长190米），中层为轻型机起飞甲板兼主炮甲板（跑道长仅15米），下层为重型机起飞甲板（跑道长55米）。

"赤城"号航空母舰的自卫武器为6门三年式200毫米单装舰炮、6座十年式120毫米双联装高射炮、14座九六式20毫米双联装机炮。舰载机方面，通常搭载18架"零"式舰上战斗机、18架99式舰上轰炸机和27架97式舰上攻击机。

英文名称：	Akagi Aircraft Carrier
研制国家：	日本
制造厂商：	吴海军工厂
舰名由来：	地名命名法
生产数量：	1艘
生产时间：	1920~1927年
主要用户：	日本海军

World War Ⅱ Weapons

基本参数	
标准排水量	37100吨
满载排水量	42000吨
长度	260.7米
宽度	31.3米
吃水深度	8.7米
最大速度	31.5节

"阳炎"级驱逐舰

"阳炎"级驱逐舰是二战时期日本海军装备的重要驱逐舰，参加了太平洋战场上的大多数战役。该级舰是当时典型的舰队驱逐舰之一，19艘同级舰仅有1艘存活到战后。"阳炎"级驱逐舰采用日本驱逐舰具有的飞剪式舰艏、高干舷、短艏楼，强调对舰攻击能力。

"阳炎"级驱逐舰的武器包括3座03式C型双联装127毫米炮、2座92式610毫米四联装发射管、2座25毫米双联装高射炮，最初还有1座深水炸弹发射架、6条布雷轨道和扫雷具等。1942~1943年，大部分"阳炎"级驱逐舰拆除后主炮塔，25毫米高射炮增至14座，舰艉的布雷与扫雷具被移除，改为4座深水炸弹发射架。1944年，25毫米高射炮增至28座，另外加装4挺12.7毫米高射机枪。

英文名称	Kagerō Class Destroyer
研制国家	日本
制造厂商	舞鹤海军工厂
舰名由来	继承古舰名
生产数量	10艘
生产时间	1937~1941年
主要用户	日本海军

World War II Weapons

基本参数	
标准排水量	2000吨
满载排水量	2500吨
长度	118.5米
宽度	10.8米
吃水深度	3.8米
最大速度	35节

"翔鹤"级航空母舰

"翔鹤"级航空母舰是日本在二战时期建造的航空母舰，两艘同级舰均在太平洋战争期间被美军击沉。该级舰可视为前一代"飞龙"级航空母舰的扩大改进型，加装了防护装甲，具有很高的干舷。"翔鹤"级航空母舰的飞行甲板长242米，设有双层机库，3部升降机，配备2组拦阻索，分别位于舰艏与舰艉，舰上没有装备弹射器。舰体右舷中部设有向下弯曲的横卧式烟囱，极具日本特色。

由于之前航空母舰将岛式舰桥置于舰体左舷的设计并不实用，"翔鹤"级航空母舰的岛式舰桥改在舰体右舷。舰艏安装一部用以探测敌潜艇的水听器。"翔鹤"级航空母舰的自卫武器为4座双联装127毫米高射炮和12座三联装25毫米机炮，通常搭载18架"零"式舰载战斗机、27架99式舰载轰炸机和27架97式舰载攻击机。

英文名称:	
Shōkaku Class Aircraft Carrier	
研制国家:	日本
制造厂商:	横须贺海军工厂
舰名由来:	吉祥动物
生产数量:	2艘
生产时间:	1938～1941年
主要用户:	日本海军

World War II
Weapons

基本参数	
标准排水量	25675吨
满载排水量	32105吨
长度	257.5米
宽度	29米
吃水深度	9.3米
最大速度	34.5节

38式手动步枪

38式步枪于1907年被日本陆军选作制式武器，二战时期仍是日本陆军和日本海军最基本的单兵武器，一直使用到日本战败。

38式步枪的机匣表面经过防腐处理，枪机在机匣内运行顺畅，机匣上面有两个排气小孔，保证射击时的安全，枪机尾部有圆帽形的转动保险装置。弹仓镶嵌在枪身内，弹容量为5发，弹仓还有空仓提示功能。

38式步枪的枪托加工方式与一般步枪的枪托加工方式不同，一般步枪的枪托是用一整块木料切削而成的，而38式步枪的枪托是用两块木料拼接而成的，这种方式存在容易开裂的缺陷，但可以节省木材。38式步枪使用6.5毫米半底缘尖弹，这种子弹在中等距离有着非常稳定的飞行状态，可以在中等距离精确击中目标。38式步枪配上30式刺刀后，整体长度约为1.7米，这个长度在近战中有着较大的优势。此外，38式步枪的后坐力很小，适合训练新兵。

英文名称：	Type 38 Rifle
研制国家：	日本
制造厂商：	小石川炮兵工厂
重要型号：	Type 38
生产数量：	340万支
生产时间：	1905～1945年
主要用户：	日本陆军

World War II Weapons

基本参数	
口径	6.5毫米
全长	1275毫米
枪管长	800毫米
重量	4.19千克
最大射速	15发/分
有效射程	457米
弹容量	5发

11式轻机枪

11式轻机枪是日本在二战中广泛使用的一种6.5毫米轻机枪，因于1922年（即日本大正天皇十一年）定型成为制式装备而得名。该枪的枪托为了便于贴腮瞄准而向右弯曲，所以在中国俗称"歪把子"机枪。

11式轻机枪采用导气式自动方式，枪管上有螺纹状散热片，使用与38式手动步枪相同的6.5×50毫米步枪弹（但在绝大多数情况下，考虑到连发情况下枪管的寿命，使用的是减装药的机枪弹），射程较远，精度较高，但枪弹威力不大。11式轻机枪采用了一个能从上面装入6个弹夹（合计30发枪弹）、形状酷似"漏斗"的装弹机，这种供弹方式的结构与动作过于复杂，导致故障率较高。而独特的供弹方式，也使11式轻机枪的人机工程极差。此外，11式轻机枪的两脚架过长，火线过高，而且位置非常靠前，不便于发挥火力。

英文名称：	Type 11 Light Machine Gun
研制国家：	日本
制造厂商：	南部枪械制造所
重要型号：	Type 11
生产数量：	29000挺
生产时间：	1922～1941年
主要用户：	日本陆军

World War Ⅱ
Weapons

基本参数	
口径	6.5毫米
全长	1100毫米
枪管长	443毫米
重量	10.2千克
枪口初速	730米/秒
最大射速	450发/分
弹容量	30发

96式轻机枪

96式轻机枪从1936年开始被日军广泛使用,原本是要以其取代较旧的11式轻机枪,不过由于当时11式轻机枪已经大量生产,因此这两种武器都一直使用到日本投降。96式轻机枪被定为既耐用又可靠,不过由于使用的6.5毫米子弹缺乏穿透掩体的能力,在1937年后便以使用7.7毫米子弹的99式轻机枪作为辅助。

96式轻机枪的基本设计与11式轻机枪相同,两者最大的差异在于前者装在枪身上方、可容纳30发子弹的曲型可卸式盒状弹匣。96式轻机枪的枪管可快速替换,以避免过热。该枪装有折叠式双脚架,也可在枪管下的气动装置接上标准的步兵刺刀。该枪只能全自动射击,不过也可经由短暂地扣动扳机而实现单发射击。

英文名称:	Type 96 Light Machine Gun
研制国家:	日本
制造厂商:	南部枪械制造所
重要型号:	Type 96
生产数量:	41000挺
生产时间:	1936~1945年
主要用户:	日本陆军

World War II
Weapons

基本参数	
口径	6.5毫米
全长	1070毫米
枪管长	550毫米
重量	9千克
最大射速	500发/分
有效射程	800米
弹容量	30发

第 7 章

其他国家二战武器

除了美国、苏联、英国、德国和日本等主要参战国外,还有许多国家被卷入了二战的泥潭之中。在这些国家中,也不乏一些军事工业较为发达的国家,如法国、意大利和捷克斯洛伐克等。

FT-17 轻型坦克

FT-17轻型坦克是法国研制的世界上第一种安装旋转炮塔的坦克,被著名历史学家史蒂芬·扎洛加称为"世界第一部现代坦克"。该坦克诞生于一战时期,在二战初期仍有使用。

为方便批量生产,FT-17轻型坦克的车身装甲板大部分采用直角设计,便于快速接合。为了改善作战人员的视野与缩小火力死角,设计了可360度转动的炮塔。这些创新的实用设计成为日后各国坦克的设计核心理念。

FT-17轻型坦克有四种基本车型。第一种装备1挺8毫米机枪,配子弹4800发。第二种装备1门37毫米短管火炮,配弹237发,装填方式与单发式步枪相似。其炮塔可以通过转动1个炮塔内的手柄来进行旋转。第三种为通信指挥车,将炮塔取消,装有固定装甲舱,并装备1部无线电台。第四种装备75毫米加农炮,没有装备部队。FT-17轻型坦克的装甲最薄处为6毫米,最厚处为22毫米。

英文名称:	FT-17 Light Tank
研制国家:	法国
制造厂商:	雷诺汽车公司
重要型号:	FT 75 BS、FT CWS、FT AC
生产数量:	3200辆
生产时间:	1917~1918年
主要用户:	法国陆军、波兰陆军、巴西陆军、芬兰陆军、荷兰陆军、西班牙陆军

World War II Weapons

基本参数

长度	5米
宽度	1.74米
高度	2.14米
重量	6.5吨
最大速度	20千米/小时
最大行程	60千米

FCM 36 轻型坦克

FCM 36轻型坦克是法国在二战前研制的轻型坦克，也是法国第一种投入量产的使用柴油发动机的坦克。

FCM 36轻型坦克创造性地采用了焊接技术，一改往日全是铆钉的坦克风格，倾斜的装甲布局和采用柴油发动机也给军方留下了深刻的印象。该坦克的外观比较现代化，拥有六边形的炮塔和倾斜装甲。作为一种双人坦克，该坦克仅有车长和驾驶员两名乘员。FCM 36轻型坦克采用螺旋弹簧悬挂，有5个前进挡，1个后退挡。动力装置为1台V4柴油发动机，功率为67千瓦。

FCM 36坦克的火力较差，只有1门37毫米火炮和1挺7.5毫米同轴机枪。索玛公司曾试图在FCM 36坦克上安装更加强力的火炮，但是因为炮塔焊接技术问题，并没有成功。法国投降后，一些FCM 36坦克被德国装上了75毫米Pak 40火炮，成为了"黄鼠狼"驱逐战车。

英文名称：	FCM 36 Light Tank
研制国家：	法国
制造厂商：	索玛公司
重要型号：	FCM 36
生产数量：	100辆
生产时间：	1938～1939年
主要用户：	法国陆军

World War II Weapons

基本参数	
长度	4.46米
宽度	2.14米
高度	2.2米
重量	12.4吨
最大速度	24千米/小时
最大行程	225千米

Char B1 重型坦克

Char B1 重型坦克是法国陆军在二战前期装备的一种重型坦克。它采用隔舱化设计，车体内部分为两个主要舱室，由一个防火隔板隔开。车组成员（车长/炮手，驾驶员/炮手，主炮装填手和机电员）位于前部隔舱内，而发动机、油箱和传动装置则位于后部隔舱。这种设计提高了车体乘员的生存能力。驾驶舱位于车体中央左部，驾驶舱外壳也是整体铸造的（装甲厚度为48毫米），它与车体的其他部分采用铆接的方式连接。

Char B1坦克的车体装甲为焊接和铆接的轧制均质装甲，其正面最大装甲厚度为60毫米，侧面装甲厚度也达到了55毫米。该坦克的重量使它在机动时显得十分笨重迟缓，而且主炮塔的设计只能容纳车长一人，必须同时兼顾搜索、装填以及射击等任务，令车长负担太重。Char B1坦克配备47毫米及75毫米火炮各1门，还有2挺7.5毫米机枪。

英文名称：	Char B1 Heavy Tank
研制国家：	法国
制造厂商：	雷诺汽车公司
重要型号：	Char B1、Char B1 bis
生产数量：	405辆
生产时间：	1935～1940年
主要用户：	法国陆军、意大利陆军、克罗地亚陆军

World War Ⅱ Weapons

基本参数	
长度	6.37米
宽度	2.46米
高度	2.79米
重量	30吨
最大速度	28千米/小时
最大行程	200千米

ARL 44 重型坦克

ARL 44重型坦克是法国在二战后期研制的重型坦克,虽然产量较少,但对于恢复法国的国际形象和内部国民信心都非常有帮助。

ARL 44重型坦克的底盘非常长,且十分狭窄。它使用了一个过时的小型传动轮的悬挂,使用和Char B1重型坦克一样的履带,导致最大速度只能达到30千米/小时。该坦克的炮塔参考了Char B1重型坦克的设计,能安装由高射炮改装的90毫米DCA火炮,带有炮口制退器。总的来说,ARL 44重型坦克是一个不太令人满意的临时设计。

ARL 44重型坦克最初采用1门44倍口径的76毫米火炮,但是这门只有在1000米距离上才能穿透80毫米钢板的火炮很快就被否决了,后来换装了口径更大的90毫米DCA火炮。ARL 44重型坦克的辅助武器是两挺7.5毫米MAC 31机枪。ARL 44重型坦克的突出特点是采用了压缩空气驱动的导向陀螺仪,在电启动马达失灵时也可以用空气压缩机启动发动机,并备有自封油箱、一体化的润滑系统。

英文名称:	ARL 44 Heavy Tank
研制国家:	法国
制造厂商:	吕埃尔工程公司
重要型号:	ARL 44
生产数量:	60辆
生产时间:	1944年
主要用户:	法国陆军

World War II Weapons

基本参数	
长度	10.53米
宽度	3.4米
高度	3.2米
重量	50吨
最大速度	30千米/时
最大行程	350千米

S-35 骑兵坦克

S-35骑兵坦克是法国在二战中使用的一种骑兵坦克，一度被评价为"20世纪30年代最佳的中型坦克"。

S-35骑兵坦克的炮塔和车体由钢铁铸造而成，具有优美的弧度，无线电对讲机是标准设备，这些独特设计影响了后来的美国M4"谢尔曼"中型坦克和苏联T-34中型坦克。S-35骑兵坦克战斗全重将近20吨，乘员3人，炮塔正面装甲厚度55毫米，车身装甲厚度40毫米，最薄弱的后部也有20毫米，防护效果相当不错。该坦克还有自动灭火系统，关键位置还设有洒出溴甲烷的装置。

S-35骑兵坦克装备1门47毫米L/40加农炮，为二战初期西线战场威力较大的坦克炮之一。辅助武器为1挺7.5毫米同轴机枪，可选择性安装。S-35骑兵坦克一共装有118炮弹（其中90枚为穿甲弹，28枚为高爆弹）和2250发机枪子弹。与Char B1重型坦克一样，S-35骑兵坦克的车长要兼任炮手的职务，不但要下达全车指令，还要瞄准、装填炮弹和开火。

英文名称	S-35 Cavalry Tank
研制国家	法国
制造厂商	索玛公司
重要型号	S-35
生产数量	440辆
生产时间	1935～1940年
主要用户	法国陆军

World War II Weapons

基本参数	
长度	5.38米
宽度	2.12米
高度	2.62米
重量	19.5吨
最大速度	40千米/小时
最大行程	230千米

▲ S-35骑兵坦克左侧视角

▼ S-35骑兵坦克右侧视角

MAS-36 手动步枪

MAS-36手动步枪是法国于20世纪30年代研制的手动步枪,原计划用于替代老旧的勒贝尔步枪、贝蒂埃步枪以及贝蒂埃卡宾枪,但受预算限制,MAS-36手动步枪未能全力生产。二战期间,MAS-36手动步枪往往优先配发给前线步兵部队,其他部队通常还是使用贝蒂埃步枪和勒贝尔步枪。MAS-36手动步枪一直服役到20世纪60年代,在苏伊士运河危机时,法国外籍军团曾经为MAS-36手动步枪配备瞄准镜,提供给法国伞兵射手用以消灭敌人的狙击手。

MAS-36手动步枪发射7.5×54毫米M1929无底缘弹,有一个毛瑟式5发双排弹仓,可以很容易地从枪上拆下来。该枪的枪机比较独特,因为闭锁凸笋在枪机后方,而不是在前面。MAS-36手动步枪没有保险,所以平常枪里都是不装子弹的,除非士兵要参与战斗才会装填子弹。

英文名称:	MAS-36 Rifle
研制国家:	法国
制造厂商:	圣埃蒂安武器制造厂
重要型号:	MAS-36、MAS-36/51
生产数量:	20万支
生产时间:	1936~1955年
主要用户:	法国陆军

World War Ⅱ Weapons

基本参数	
口径	7.5毫米
全长	1020毫米
枪管长	575毫米
重量	3.73千克
枪口初速	850米/秒
有效射程	400米
弹容量	5发

M11/39 中型坦克

M11/39中型坦克是意大利陆军在二战初期使用的一种中型坦克。尽管意大利称其为中型坦克,但以该坦克的吨位与火力来说,较接近轻型坦克的级别。大多数M11/39中型坦克被投入了北非战场的战斗中,但也有少部分被送往意属东非。

M11/39中型坦克的主要武器是1门37毫米火炮,仅能左右15度横摆移动。辅助武器是2挺安装在旋转炮塔上的8毫米机枪。机枪由一人操控,而此人必须在狭窄且需要手动操作的炮塔里开火。该坦克在早期遭遇英军的轻型坦克时,其37毫米主炮尚能充分压制对方。而遭遇英军的巡航坦克与步兵坦克时,意军坦克便完全处于劣势。除了火力贫弱外,M11/39中型坦克还有机械可靠性差、行驶速度慢等缺点。该坦克的铆接式装甲钢板最厚处才30毫米,仅能抵挡20毫米机炮的火力。

英文名称	M11/39 Medium Tank
研制国家	意大利
制造厂商	菲亚特汽车公司
重要型号	M11/39
生产数量	100辆
生产时间	1939年
主要用户	意大利陆军、澳大利亚陆军

World War II Weapons

基本参数	
长度	4.7米
宽度	2.2米
高度	2.3米
重量	11.18吨
最大速度	32千米/小时
最大行程	200千米

M13/40 中型坦克

M13/40中型坦克是二战中意大利陆军使用最广泛的中型坦克，尽管是以中型坦克的理念来设计，但其装甲与火力的标准较接近轻型坦克。

M13/40中型坦克的装甲由铆接的钢板所构成，厚度分别为：车前30毫米、炮塔前42毫米、侧面25毫米、车底6毫米、顶部15毫米。乘员于前方战斗舱，发动机置于车后方，传动装置则在前方。战斗舱可容纳4名乘员：驾驶员、机枪手在车体中，而炮手与车长则在炮塔中。

M13/40中型坦克的主要武器为1门47毫米火炮，共载有104发穿甲弹与高爆弹，能够在500米距离贯穿45毫米的装甲板，能有效对付英军的轻型坦克与巡航坦克，但仍无法对付较重型的步兵坦克。M13/40中型坦克还装有3～4挺机枪：1挺同轴机枪和2挺前方机枪，置于球形炮座；另外1挺机枪则弹性装设于炮塔顶，作为防空机枪。

英文名称	M13/40 Medium Tank
研制国家	意大利
制造厂商	菲亚特公司
重要型号	M13/40
生产数量	2000辆
生产时间	1940～1941年
主要用户	意大利陆军

World War Ⅱ
Weapons

基本参数	
长度	4.92米
宽度	2.28米
高度	2.37米
重量	14吨
最大速度	32千米/小时
最大行程	200千米

M14/41 中型坦克

　　M14/41中型坦克是意大利陆军早期使用的M13/40中型坦克的改良型，使用与M13/40中型坦克相同的底盘，但车体设计更佳。与M11/39中型坦克和M13/40中型坦克一样，M14/41中型坦克虽然是以中型坦克的理念来设计，但其装甲与火力的标准较接近轻型坦克。

　　M14/41中型坦克的主要武器是1门47毫米火炮，辅助武器为4挺8毫米机枪。该坦克的装甲厚度从6毫米到42毫米不等，防护能力较差。M14/41中型坦克的动力装置为SPA 15-TM-40汽油发动机，输出功率为114.8千瓦。悬挂系统为"竖锥"型弹簧悬吊装置。M14/41中型坦克首先被部署于北非战场，很快地就暴露了其缺点：可靠性低、内部空间拥挤和被击中容易起火。有大量的M14/41中型坦克被英国与澳大利亚的部队缴获使用，但没有服役很久。

英文名称	M14/41 Medium Tank
研制国家	意大利
制造厂商	菲亚特公司
重要型号	M14/41
生产数量	800辆
生产时间	1941~1942年
主要用户	意大利陆军、澳大利亚陆军、英国陆军

World War II
Weapons

基本参数	
长度	4.92米
宽度	2.28米
高度	2.37米
重量	14.5吨
最大速度	33千米/小时
最大行程	200千米

M15/42 中型坦克

M15/42中型坦克是意大利在二战中生产的最后一款中型坦克，其设计借鉴了先前的M13/40中型坦克以及M14/41中型坦克。这种坦克的定位本来是P-40重型坦克量产前的过渡坦克，因为主炮和弹药的问题，投产时性能已经过时，未能按计划参加北非战役。不过，德国陆军在南斯拉夫和意大利的战斗中使用了M15/42中型坦克。

M15/42中型坦克的车体比M14/41中型坦克更长，主炮是1门安装在能360度旋转的电驱动炮塔上的47毫米L/40火炮，最大俯仰角分别为-10度和+20度。主炮能发射空心装药弹、高爆弹以及穿甲弹。另外，M15/42中型坦克还装备有5挺8毫米布雷达38型机枪（两挺装在车体上，两挺同轴放置，第五挺机枪则放在车顶，作为防空机枪）。该坦克的动力装置为1台SPA 15TB M42汽油发动机，最大功率为141千瓦。

英文名称	M15/42 Medium Tank
研制国家	意大利
制造厂商	菲亚特公司
重要型号	M15/42
生产数量	118辆
生产时间	1943年
主要用户	意大利陆军、德国陆军

World War II
Weapons

基本参数	
长度	4.92米
宽度	2.2米
高度	2.4米
重量	15.5吨
最大速度	40千米/小时
最大行程	200千米

P-40 重型坦克

P-40重型坦克是二战中意大利最重的坦克。尽管意大利将其归类为重型坦克，但按其他国家的吨位标准只能算是中型坦克。虽然意大利军方下了1000辆的订单，但由于意大利不断受到盟军轰炸，位于都灵的发动机制造厂也损失惨重，因此直到意大利投降时也仅有少量P-40重型坦克出厂。

P-40重型坦克采用避弹性佳的斜面装甲，装有1门75毫米火炮，仅有65发弹药。该坦克最初设计搭载3挺机枪，之后取消了1挺前部机枪。机枪备弹量仅有600发，低于二战大多数坦克。总的来说，P-40重型坦克的设计在当时比较新颖，但仍缺乏焊接、可靠的悬吊装置和保护车长的顶盖等现代化技术或装置。即便如此，P-40重型坦克仍是二战时期意大利最出色的坦克。

英文名称	P-40 Heavy Tank
研制国家	意大利
制造厂商	安萨尔多公司
重要型号	P-40
生产数量	100辆
生产时间	1943～1944年
主要用户	意大利陆军、德国陆军

World War Ⅱ Weapons

基本参数	
长度	5.8米
宽度	2.8米
高度	2.5米
重量	26吨
最大速度	40千米/小时
最大行程	280千米

M1934 半自动手枪

M1934手枪是意大利在二战前研制的半自动手枪，二战期间广泛装备意大利军队，具有结构简单、坚固、动作可靠和制造成本低等特点。

M1934手枪采用自由枪机式工作原理和外露击锤，扳机为单动式，扳机连杆兼作解脱子，发射机构为半自动式。套筒座左侧设有手动保险，该保险兼作套筒止动器，置于前方"S"位置为保险状态，置于后方"F"位置为射击状态，保险打开时仅锁住扳机。

M1934手枪使用9毫米柯尔特自动手枪短弹，其弹壳比一般的9毫米弹短，不是22.9毫米，而是17毫米，所以称短弹。M1934手枪的弹匣为直式，弹容量8发，两侧有较大的长孔，可一目了然地观察到剩余枪弹。这种设计思想后来被苏联马卡洛夫手枪采用。弹匣托弹板在弹匣内最后一发弹发射后抬起，起阻止套筒前进的作用，M1934手枪的准星为片状，照门为U形缺口式。

英文名称：	
M1934 Semi-automatic Pistol	
研制国家：	意大利
制造厂商：	伯莱塔公司
重要型号：	M1934
生产数量：	108万支
生产时间：	1934～1991年
主要用户：	意大利陆军、德国陆军、罗马尼亚陆军

World War II
Weapons

基本参数	
口径	9毫米
全长	152毫米
枪管长	94毫米
重量	660克
枪口初速	229米/秒
有效射程	50米
弹容量	8发

M1931 冲锋枪

M1931 冲锋枪是芬兰在二战期间设计的冲锋枪，被许多人认为是二战期间最成功的冲锋枪之一，其设计被后来的冲锋枪所效仿。

M1931冲锋枪的自动方式为传统的自由枪机、开膛待击，传统的冲锋枪在射击时枪栓会随着枪机往复运动，而M1931冲锋枪的特别之处在于其枪栓拉上之后即固定不动，封闭枪膛，从而避免杂物进入枪膛造成故障。

由于枪管较长，做工精良，所以M1931冲锋枪的射程和射击精准度比大批量生产的苏联PPSh-41冲锋枪高出很多，而射速和装弹量则与PPSh-41冲锋枪一样。苏芬战争期间，M1931冲锋枪有过一些改进，如加入枪口制退器等。M1931冲锋枪最大的弊端在于生产成本过高，所采用的材料是瑞典的优质铬镍钢，并以狙击步枪的标准生产，费工费时。与它的仿制品PPSh-41冲锋枪相比，M1931冲锋枪的生产数量非常少，对战争进程的影响也就相当有限。

英文名称：	M1931 Submachine Gun
研制国家：	芬兰
制造厂商：	蒂卡科斯基公司
重要型号：	M1931
生产数量：	8万支
生产时间：	1931～1953年
主要用户：	芬兰陆军、保加利亚陆军

基本参数

口径	9毫米
全长	870毫米
枪管长	314毫米
重量	4.6千克
枪口初速	396米/秒
有效射程	200米
弹容量	71发

ZB-26 轻机枪

  ZB-26轻机枪是捷克斯洛伐克于20世纪20年代研制的7.92毫米口径轻机枪,被大量出口和仿制,二战期间仍大量装备部队。

  ZB-26轻机枪的工作原理为活塞长行程导气式,采用枪机偏转式闭锁方式,可选择单发或连发射击。ZB-26轻机枪在外观上的最大特色是20发弹匣在枪身上方,其瞄准基线也因此移向弹匣左侧。虽然这种设计并不影响射击的精确性,但是影响了射手的视线。总的来说,ZB-26轻机枪结构简单,枪机动作可靠,在激烈的战斗中和恶劣的自然环境下也不易损坏,使用维护方便。

  ZB-26轻机枪主要发射7.92×57毫米枪弹,采用弹匣供弹,弹容量为20发。弹匣位于机匣的上方,从下方抛壳。该枪的枪管可以快速更换,其枪管上的提把方便更换枪管,同时也方便持枪。熟练的射手在副射手的帮助下,更换枪管整个步骤只需要不到10秒钟的时间,一般每射击200发,需要更换一次枪管,如果射击频率慢,可以射击250发后再更换枪管。

英文名称:	ZB-26 Light Machine Gun
研制国家:	捷克斯洛伐克
制造厂商:	布尔诺兵工厂
重要型号:	ZB-26
生产数量:	15万挺
生产时间:	1924~1945年
主要用户:	捷克斯洛伐克陆军、伊朗陆军、伊拉克陆军、埃及陆军、瑞典陆军

World War II Weapons

基本参数	
口径	7.92毫米
全长	1150毫米
枪管长	672毫米
重量	10.5千克
枪口初速	744米/秒
有效射程	1000米
弹容量	20发

ZK-383 冲锋枪

  ZK-383冲锋枪是捷克斯洛伐克在二战前研制的9毫米口径冲锋枪,一直使用到二战结束后。该枪采用自由枪机式原理,开膛待击发,发射9毫米巴拉贝鲁姆手枪弹,供弹具为30发弹匣。枪管可以更换,只要拉住准星座后的枪管固定卡笋,并旋转准星座90度,即可抽出枪管。ZK-383冲锋枪的保险安装在扳机护圈上方,往左是击发状态,往右是保险状态。在机匣右侧,保险前上方有快慢机。快慢机上,用"1"表示"单发","30"表示"连发"。ZK-383冲锋枪的枪机上可以安装射速调节块,将射速降至500发/分。

  为了提高射击精度,ZK-383冲锋枪罕见地安装了两脚架,使得它可以像轻机枪一样架着射击,稳定性较好。两脚架不使用时,可以向前折叠起来。改进型ZK-383P冲锋枪为警用型,没有两脚架。而ZK-383H为战后型,改进了枪管护筒,原先放在侧面的弹匣改到了下面。

英文名称:	ZK-383 Submachine Gun
研制国家:	捷克斯洛伐克
制造厂商:	布尔诺兵工厂
重要型号:	ZK-383、ZK-383P/H
生产数量:	2万支
生产时间:	1938～1966年
主要用户:	捷克斯洛伐克陆军、保加利亚陆军、德国陆军

World War II Weapons ★★☆

基本参数	
口径	9毫米
全长	875毫米
枪管长	325毫米
重量	4.25千克
最大射速	700发/分
有效射程	250米
弹容量	30发

参考文献

[1] 军情视点. 战地集结：二战德军重武器[M]. 北京：化学工业出版社，2015.

[2] 军情视点. 白头鹰之爪：二战美军单兵武器装备[M]. 北京：化学工业出版社，2015.

[3] 张翼. 重装集结：二战德军坦克及变型车辆全集[M]. 北京：人民邮电出版社，2012.

[4] 克里斯多夫·福斯. 简氏坦克与装甲车鉴赏指南(典藏版)[M]. 张明，刘炼，译. 北京：人民邮电出版社，2012.

[5] 沧海满月. 二战经典战役全记录[M]. 北京：新世界出版社，2012.